中国高等职业技术教育研究会推荐

高职高专机电类专业“十三五”规划教材

数控加工工艺课程设计指导书

主编　赵长旭

参编　沈　桦

西安电子科技大学出版社

内 容 简 介

本书共分七章，内容包括：总论、零件图设计、机械加工工艺过程设计、数控加工工序设计、数控加工程序设计、工件的装夹与夹具设计、编制设计说明书等。全书以数控加工工艺设计为主线，系统地介绍了数控加工工艺设计的方法与步骤，并辅以夹具设计和数控编程方面的基础知识及技巧简介，实例丰富，图文并茂，对于学生熟悉和掌握工艺设计的方法，完成数控加工工艺课程设计具有一定的指导意义。附录中附有若干幅典型零件图，便于教师在安排设计任务时选用。

本书可作为高等职业技术院校数控技术应用类、机械制造类及机电类专业的教学用书，同时也可作为相关专业及中专院校的教学参考书。

★本书配有电子教案，需要的老师可与出版社联系，免费提供。

图书在版编目(CIP)数据

数控加工工艺课程设计指导书/赵长旭主编.

—西安：西安电子科技大学出版社，2007.7(2017.5 重印)

中国高等职业技术教育研究会推荐. 高职高专机电类专业“十三五”规划教材

ISBN 978-7-5606-1860-9

Ⅰ. 数…　Ⅱ. 赵…　Ⅲ. 数控机床—加工工艺—高等学校：技术学校—教学参考资料

Ⅳ. TG659

中国版本图书馆 CIP 数据核字(2007)第 093188 号

策　　划　毛红兵

责任编辑　雷鸿俊　毛红兵

出版发行　西安电子科技大学出版社(西安市太白南路 2 号)

电　　话　(029)88242885　88201467　　邮　　编　710071

网　　址　www.xduph.com　　电子邮箱　xdupfxb001@163.com

经　　销　新华书店

印刷单位　陕西华沐印刷科技有限责任公司

版　　次　2007 年 7 月第 1 版　2017 年 5 月第 6 次印刷

开　　本　787 毫米×1092 毫米　1/16　印 张 8.75

字　　数　199 千字

印　　数　15 001～18 000 册

定　　价　15.00 元

ISBN 978 - 7 - 5606 - 1860 - 9/TG・0020

XDUP 2152001-6

序

进入21世纪以来，随着高等教育大众化步伐的加快，高等职业教育呈现出快速发展的形势。党和国家高度重视高等职业教育的改革和发展，出台了一系列相关的法律、法规、文件等，规范、推动了高等职业教育健康有序的发展。同时，社会对高等职业教育的认识在不断加强，高等技术应用型人才及其培养的重要性也正在被越来越多的人所认同。目前，高等职业教育在学校数、招生数和毕业生数等方面均占据了高等教育的半壁江山，成为高等教育的重要组成部分，在我国社会主义现代化建设事业中发挥着极其重要的作用。

在高等职业教育大发展的同时，必须重视内涵建设，不断深化教育教学改革。根据市场和社会的需要，不断更新教学内容，编写具有鲜明特色的教材是其必要任务之一。

为配合教育部实施紧缺人才工程，解决当前机电类精品高职高专教材不足的问题，西安电子科技大学出版社与中国高等职业技术教育研究会在前两轮联合策划、组织编写了“计算机、通信电子及机电类专业”系列高职高专教材共100余种的基础上，又联合策划、组织编写了“数控、模具及汽车类专业”系列高职高专教材共60余种。这些教材的选题是在全国范围内近30所高职高专院校中，对教学计划和课程设置进行充分调研的基础上策划产生的。教材的编写采取在教育部精品专业或示范性专业(数控、模具和汽车)的高职高专院校中公开招标的形式，以吸收尽可能多的优秀作者参与投标和编写。在此基础上，召开系列教材专家编委会，评审教材编写大纲，并对中标大纲提出修改、完善意见，确定主编、主审人选。该系列教材着力把握高职高专“重在技术能力培养”的原则，结合目标定位，注重在新颖性、实用性、可读性三个方面能有所突破，体现高职高专教材的特点。第一轮教材共36种，已于2001年全部出齐，从使用情况看，比较适合高等职业院校的需要，普遍受到各学校的欢迎，一再重印，其中《互联网实用技术与网页制作》在短短两年多的时间里先后重印6次，并获教育部2002年普通高校优秀教材奖。第二轮教材共60余种，在2004年已全部出齐，且大都已重印，有的教材出版一年多的时间里已重印4次，反映了市场对优秀专业教材的需求。本轮教材预计2006年全部出齐，相信也会成为系列精品教材。

教材建设是高职高专院校基本建设的一项重要工作，多年来，各高职高专院校都十分重视教材建设，组织教师参加教材编写，为高职高专教材从无到有，从有到优、到特而辛勤工作。但高职高专教材的建设起步时间不长，还需要做艰苦的工作，我们殷切地希望广大从事高职高专教育的教师，在教书育人的同时，组织起来，共同努力，为不断推出有特色、高质量的高职高专教材作出积极的贡献。

中国高等职业技术教育研究会会长 李宗尧

2005年10月

21 世纪
机电类专业高职高专规划教材
编审专家委员会名单

前　　言

目前，市场急需数控技术人才，而现代高新技术企业在数控技术方面既需要有扎实的基础理论知识的研发型人才，更需要有较强动手能力的应用技能型人才。根据这一要求，各职业院校都加强了实践环节的教学，以培养学生解决实际问题的基本技能。

由数控加工工艺、数控编程和数控机床组成的数控加工技术体系中，数控加工工艺占有极其重要的位置。而学习数控加工工艺的目的之一就是要具备编制中等复杂程度零件的普通加工工艺和数控加工工艺的能力，数控加工工艺课程设计就是为了使学生在这方面得到基本训练，并拓宽知识面，增强实践动手能力，使学生初步具有工程实践能力和综合运用知识的能力而开设的。数控加工工艺课程设计是学习数控加工工艺的一项极为重要的内容，也是极其重要的实践性教学环节。然而，目前有关数控加工工艺课程设计的指导书较少，这给教学带来诸多不便。为此，根据我们多年的教学实践，总结编写了本书，一方面满足教学之需要，另一方面也希望起到抛砖引玉的作用。

本书以数控加工工艺设计为主线，系统地介绍了数控加工工艺设计的方法与步骤，并辅以夹具设计和数控编程方面的基础知识及技巧简介，不仅可作为数控加工工艺课程设计的指导书，也可用作机械制造工艺等专业课程设计的指导书。同时，附录中附有精选的典型零件图，可供教师在安排设计任务时选用。

本书具有淡化理论、重视应用、结合实际和针对性强的特点，体现了注重实用、突出能力培养的特色，力求将学生在课程设计中经常出现的问题反映出来，使大家尽量避免在设计中出现错误，同时又尽可能使学生受到全面的训练。

本书由四川工程职业技术学院赵长旭副教授主编并统稿，沈翀讲师参加了部分章节的编写。

鉴于编者的水平和经验有限，书中难免有疏漏之处，恳请广大读者批评指正。

编　者

2007年5月

目　　录

第一章 总　论

1.1 数控加工工艺课程设计的目的、内容和要求

一、数控加工工艺课程设计的目的

数控加工工艺课程设计是数控技术应用类专业(数控加工专业、机械制造及自动化专业或机电一体化专业)学生在学习“数控加工工艺”、“数控编程” 和“数控机床”及其他有关课程之后进行的一个重要的实践性教学环节，是第一次较全面的工艺设计训练，其目的是培养学生综合运用数控加工工艺及其他有关先修课程的知识去分析和解决工程实际问题的能力，以进一步掌握和巩固、深化、扩展本课程所学到的理论知识。通过数控加工工艺课程设计，学生应达到：

(1) 进一步提高识图、制图和机械设计的水平。

(2) 掌握机械加工工艺的设计方法，学会编制中等复杂程度零件的机械加工工艺和数控加工工艺。

(3) 学会查阅和运用有关专业资料、手册等工具书，熟悉有关国家标准、规范，在经验估算等方面受到全面的基本训练。

二、数控加工工艺课程设计的时间和内容

各院校的教学计划不尽相同，有的差别还很大，但基本上都有1～2周的数控加工工艺课程设计。根据多数院校的具体情况和实际需要，建议完成如下内容。

1. 课程设计时间为一周的内容

(1) 按给定零件(或零件图)正确绘制1号零件图1张。(零件图可参考附录选用。)

(2) 设计给定零件的机械加工工艺或数控加工工艺，填写机械加工工艺过程卡和数控加工工序卡(含走刀路线图或工序图)。

(3) 编写设计说明书一份。

2. 课程设计时间为两周的内容

(1) 按给定零件(或零件图)正确绘制1号零件图1张、零件毛坯图1张或工艺中所使用的专用夹具装配图1张，图纸总量折合1号图不少于2张。

(2) 设计给定零件的机械加工工艺或数控加工工艺，填写机械加工工艺过程卡和数控加工工序卡(含走刀路线图或工序图)。

(3) 编制数控加工程序或设计专用夹具。

(4) 编写设计说明书一份。

三、数控加工工艺课程设计的进度计划

结合课程设计任务，建议每天的内容及进度要求如下：

第一天：

① 布置课程设计任务。

② 学生领取图纸及借制图工具。

③ 在教师的指导下，借有关专业资料、手册等工具书和有关国家标准。

④ 完成零件图的绘制。

第二天：

① 草拟机械加工工艺过程。

② 结合各自拟定的机械加工工艺过程，分小组讨论、选择或最终确定该零件的最佳机械加工工艺过程，经指导教师检查确认后，再填写机械加工工艺过程卡片。

③ 着手编写设计说明书。

第三、四天：编制完成该零件的数控加工工序卡；若全部用通用机床加工，则应编制完成机械加工工序卡。继续编写设计说明书。

第五天：

① 设计时间为一周的，完成设计说明书；归还所借技术资料；将自己这次课程设计的全部资料装袋上交。

② 设计时间为两周的，继续编制完成数控加工工序卡或机械加工工序卡，继续编写设计说明书。

第六～九天：编制数控加工程序，绘制走刀路线图(或完成设计夹具一套)，继续编写设计说明书。

第十天：完成设计说明书；归还所借技术资料；将自己这次课程设计的全部资料装袋上交。

四、课程设计的要求

(1) 图纸的图框按带装订边的格式画，标题栏一律采用新的国家标准(180 mm)。

(2) 改正原图的错误，补齐所缺尺寸，将旧标准或非第一系列的换成新标准或第一系列。特别要注意线型、尺寸及粗糙度的标注及剖面线。

(3) 视图表达、零件材料等一律采用新标准。

(4) 绘制工序图或走刀路线图不少于 5 份。

(5) 设计夹具的可只绘出夹具装配图。各小组至少应有两种以上的方案，选出最佳方案经指导教师认可后继续设计并绘制正式图。

(6) 全部资料完成后装袋上交。

1.2　数控加工工艺课程设计任务书

数控加工工艺课程设计任务书应明确零件名称、材料、生产类型或数量以及设计内容、要求和工作量等。下面列出三种设计任务书以供指导教师选择参考。

一、需设计夹具的任务书内容参考示例

“数控加工工艺”课程设计任务书

班　　级：______________________________

学　　号：______________________________

姓　　名：______________________________

指导教师：______________________________

完成日期：____年___月____日至____年___月____日

1．目的

通过课程设计的实训，进一步熟悉和掌握数控加工工艺的有关专业知识；学会查阅和使用有关专业资料、手册等工具书；掌握机械加工工艺的设计方法，学会编制中等复杂程度零件的机械加工工艺和数控加工工艺。

2．任务

(1) 按给定零件(或零件图)正确绘制零件图 1 张。

(2) 设计给定零件的机械加工工艺或数控加工工艺，填写机械加工工艺过程卡和数控加工工序卡。

(3) 设计简单夹具一套，并绘制装配图和主要元件的零件图。

(4) 编写设计说明书一份。

3．要求

(1) 图纸的图框按带装订边的格式画，标题栏一律采用新的国家标准(180 mm)。

(2) 改正原图的错误，补齐所缺尺寸，将旧标准或非第一系列的换成新标准或第一系列。

(3) 所有图纸折合 1 号不得少于 2 张。

(4) 全部资料完成后装袋上交。

二、以工艺为主的任务书内容参考示例

“数控加工工艺”课程设计任务书

班　　级：______________________________

学　　号：______________________________

姓　　名：______________________________

指导教师：______________________________

完成日期：____年___月____日至____年___月____日

1．目的

通过课程设计的实训，进一步熟悉和掌握数控加工工艺的有关专业知识；学会查阅和使用有关专业资料、手册等工具书；掌握机械加工工艺规程的编制方法和步骤。

2．任务

(1) 按给定零件(或零件图)正确绘制零件图 1 张。

(2) 设计给定零件的机械加工工艺或数控加工工艺，填写机械加工工艺过程卡和数控加工工序卡。工序卡片不得少于 5 份，数控工序卡少于 5 份的用普通加工工序卡补足 5 份。

(3) 编写设计说明书一份。

3．要求

(1) 图纸的图框按带装订边的格式画，标题栏一律采用新的国家标准(180 mm)。

(2) 改正原图的错误，补齐所缺尺寸，将旧标准或非第一系列的换成新标准或第一系列。特别要注意线型、尺寸及粗糙度的标注及剖面线。

(3) 视图表达、零件材料等一律采用新标准。

(4) 夹具只在设计说明书中绘出装配草图。

(5) 全部资料完成后装袋上交。

三、强调走刀路线的任务书内容参考示例

“数控加工工艺”课程设计任务书

班　　级：____________________________________

学　　号：____________________________________

姓　　名：____________________________________

指导教师：____________________________________

完成日期：____年___月____日至____年___月____日

1．目的

通过课程设计的实训，进一步巩固所学的数控加工工艺及有关专业知识；学会查阅和使用有关专业资料、手册等工具书，熟悉有关国家标准；基本掌握机械加工工艺的设计方法，在数控加工工艺方面受到全面的训练。

2．任务

(1) 按给定零件(或零件图)正确绘制零件图 1 张。

(2) 设计并填写给定零件的机械加工过程卡和数控加工工序卡，绘制数控加工走刀路线图。

(3) 编写设计说明书一份。

3．要求

(1) 图纸的图框按带装订边的格式画，标题栏一律采用新的国家标准(180 mm)。

(2) 改正原图的错误，补齐所缺尺寸，将旧标准或非第一系列的换成新标准或第一系列。特别要注意线型、尺寸及粗糙度的标注及剖面线。

(3) 视图表达、零件材料等一律采用新标准。

(4) 全部资料完成后装袋上交。

第二章 零件图设计

零件图是机械制造中重要的技术资料，是技术思想交流的共同语言，更是编制工艺规程的重要依据，因此绘制零件图是工艺课程设计的重要内容之一。在课程设计中，主要是通过零件工作图的绘制锻炼学生的识图能力和制图能力的。由于目前许多学生在学习机械制图时训练有限，有些技术标准的概念并不牢固，因此要通过零件图的设计，使这些方面得到进一步的训练和提高。

2.1 图纸的格式要求

一、图纸幅面

有些学生的标准意识很淡薄，他们在确定图纸幅面时不按国家标准，裁下来是多大就用其纸边作图纸的边界线。例如，有的学生将一整张图纸对开，就作为 1 号图纸的幅面，并以此为依据画图框，而不愿意或不知道按国家标准用细实线画出幅面后，才能以此为依据再画图框，因而造成同是 1 号图纸，幅面大小却不相同的现象。这给图纸的使用和管理带来了不便。GB/T14689—93 对图纸幅面作了规定，绘制图样时应优先采用表 2-1 中规定的幅面尺寸。

表 2-1 图纸幅面尺寸

<table>
<tr><td>幅面代号</td><td>A0</td><td>A1</td><td>A2</td><td>A3</td><td>A4</td></tr>
<tr><td>B×L</td><td>841×1189</td><td>594×841</td><td>420×594</td><td>297×420</td><td>210×297</td></tr>
<tr><td colspan="2">C</td><td colspan="2">10</td><td colspan="2">5</td></tr>
<tr><td colspan="3">A</td><td colspan="3">25</td></tr>
</table>

二、图框格式

图框格式有不留装订边和预留装订边两种。为统一起见，同时也根据大多数工矿企业的做法，本课程设计一律采用预留装订边的图框格式。其格式如图 2-1 所示。

图框和图边界线均要按 GB/T14689—93 的规定画出，即 1 号图纸的图纸边界线为 594 mm×841 mm。装订边的图框距图纸边界线为 $a = 25$ mm，其余各边的图框距图纸边界线为 $c = 10$ mm。

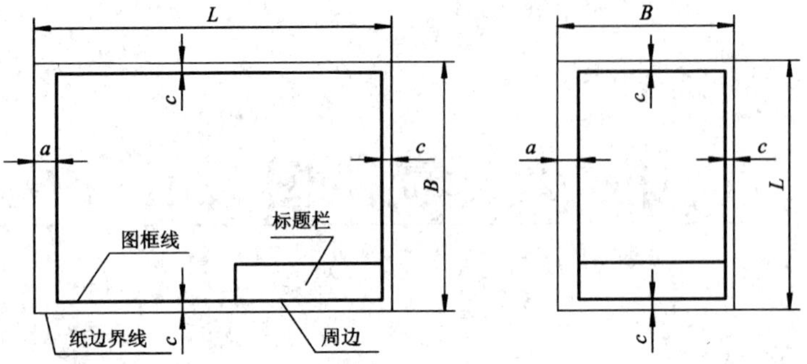

(a) (b)

图 2-1　图框格式

(a) 横幅面；(b) 竖幅面

三、标题栏和明细栏

标题栏和明细栏一律按多数厂矿企业用的国家标准《技术制图标题栏》(GB10609.1—89)、《技术制图明细栏》(GB10609.2—89)的规定画出，其格式如图 2-2 所示。

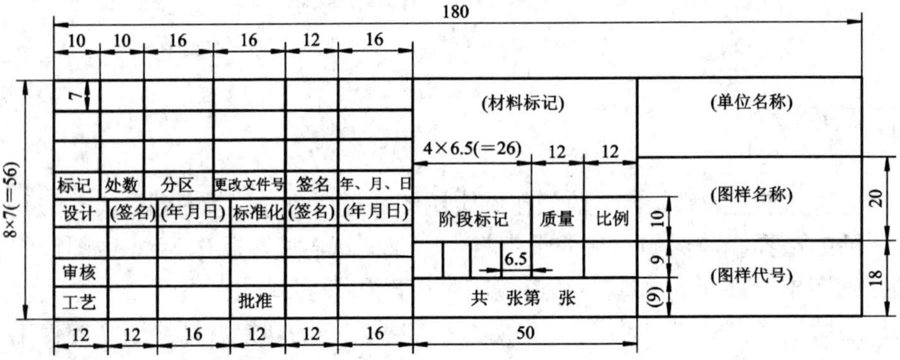

(a)

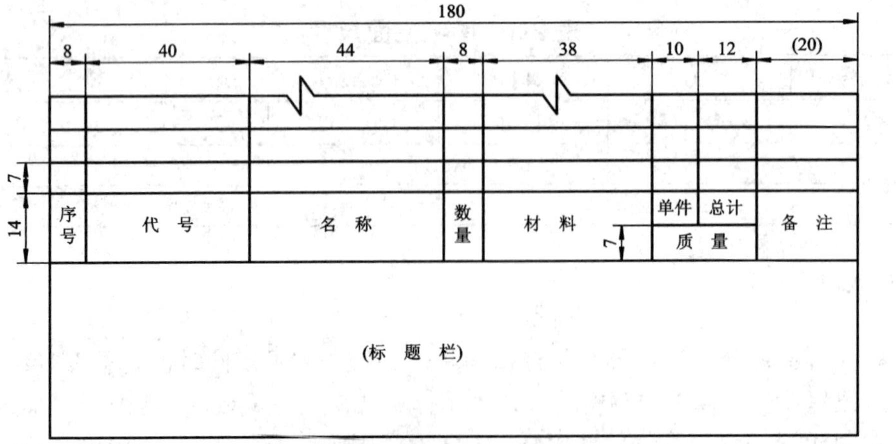

(b)

图 2-2　标题栏与明细栏格式

(a) 标题栏的格式；(b) 明细栏的格式

四、正确选择视图

零件视图应选择能清楚而正确地表达出零件各部分的结构形状和尺寸的视图，视图及剖视图的数量应为最少。

五、图形比例

除较大或较小的零件外，通常尽可能采用 1∶1 的比例绘制零件图，以直观地反映出零件的真实大小。需注意留出尺寸界线和尺寸线的位置。需要缩小(或放大)的图样，尽可能按标准比例缩放，常用缩小比例为 1∶2、1∶5 等，常用放大比例为 2∶1、5∶1 等。

六、图线

所有图线都应按国家标准《技术制图 图线》(GB4457.1—84)的规定画，但许多学生在实际绘图过程中容易产生如下问题：

(1) 粗线不粗、细线不细，或粗细不分。究其原因，主要是学生没有及时削铅笔或使用的是自动铅笔，造成有的细线比粗线还粗。

(2) 断裂处的边界线、外花键剖面简化画法时的小径、内花键剖面简化画法时的大径等该用细实线画的地方用粗实线画。

(3) 不注意剖面线的方向，造成同一零件不同视图的剖面线方向不一致，或间距不等。

七、尺寸及表面粗糙度的标注

在标注尺寸前，应分析零件的制造工艺过程，从而正确选定尺寸基准。尺寸基准尽可能与设计基准、工艺基准和检验基准一致，以利于对零件的加工和检验。标注尺寸时，要做到尺寸齐全，不遗漏，不重复，也不能封闭。标注要合理、明了。

尺寸数字及表面粗糙度的数字应按图 2-3(a)所示的方向标注，尽可能避免在图 2-3(a)所示的 30°范围内标注，当无法避免时可按图 2-3(b)的形式标注。这点若不注意就容易出错。

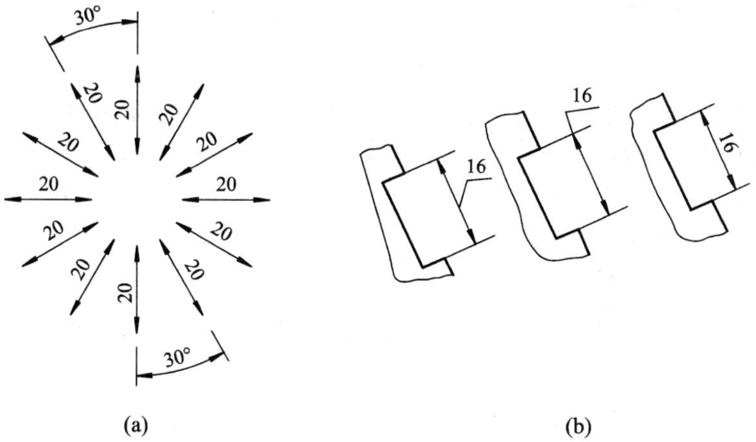

图 2-3　线性尺寸数字标注方向

遇有较多的表面采用相同的表面粗糙度数值时，为了简便起见，可集中标注在图纸的右上角，并加“其余”字样。

尺寸界线不宜过长，尺寸线终端的箭头应尽可能规范。

八、技术要求

凡是不便于用图样或符号表示，而在制造时又必须保证的条件和要求，都应以“技术要求”的形式加以注明。技术要求的内容广泛多样，具体需视零件的要求而定。一般应包括：

(1) 对铸件毛坯的要求不允许有缩孔、缩松或疏松氧化皮及毛刺等。

(2) 对锻件毛坯的要求不允许有氧化皮、夹皮及裂纹等。

(3) 对零件表面机械性能的要求，如热处理方法及热处理后表面硬度、淬火范围及渗碳深度等。

(4) 对加工的要求，如是否要求与其他零件一起配合加工。

(5) 对未注明的圆角、倒角的说明，个别部位修饰的加工要求，如表面涂色等。

(6) 其他特殊要求。

技术要求中所用的文字应简明、扼要、完整，不得含混不清，以免引起误会。

2.2　改错和换新标准

一、改错

课程设计中发给学生的零件图，由于各种原因，或多或少总存在着这样或那样的错误，这就要求学生在读懂图的基础上，认真回顾所学的机械制图知识，找出并改正这些错误，达到进一步巩固和提高识图、制图和机械设计的水平。

改正错误主要是要求改正给定零件图上涉及投影关系(或者是缺线、多线)、剖面线(同一零件各视图剖面线的方向、间距)及各种标注等方面的错误，并补齐所缺主要尺寸。

二、换标准

在给定的零件图中，由于多方面原因，有许多视图的图线、标注及零件材料型号都是按旧标准绘制和标注的，有的即使用的是新标准，但却不是采用的第一系列(如表面粗糙度)。因此，在零件图的设计中，要求将按旧标准绘制、标注的图形一律改为按最新标准绘制和标注。这当中特别应注意以下几方面。

1．螺纹

目前一些零件图上的螺纹标注各式各样，既不符合现行标准，又不规范统一，现将有关标注方法说明如下：

根据国家标准 GB197—81，普通螺纹的完整标注是由螺纹代号、螺纹公差带代号和螺纹旋合长度代号组成的。其标注方法是：螺纹代号—螺纹公差带代号—螺纹旋合长度代号。

螺纹公差带代号包括螺纹中径与顶径(外螺纹大径、内螺纹小径)的公差带代号(包括其公差等级及基本偏差)，如 6H、6g 等。标注时如果中径与顶径公差带不一致，中径在先，顶径在后；如果中径与顶径公差带一致，则只写一个公差带代号即可。

螺纹旋合长度一般不标，即表示中等旋合长度。若为长或短旋合长度，可标 L 或 S，特殊需要时可标出旋合长度尺寸，如 M10—7H—L、M24—7g6g—40。螺纹为右旋时，可以省略不标。例如：

① M10 — 5g 6g

- 6g：顶径公差带代号
- 5g：中径公差带代号
- M10：公称直径为10 mm的粗牙普通螺纹

② M10 × 1 — 6H

- 6H：中径与顶径公差带代号相同
- 1：螺距为10 mm
- M10：公称直径为10 mm，螺距为10 mm的细牙普通螺纹

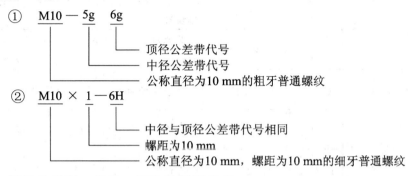

螺纹的类别、代号、标注及说明见表 2-2。

表 2-2 标准螺纹的类别、代号、标注示例及说明

螺纹类别	标准编号	特征代号	标注示例	说　明
粗牙普通螺纹	GB197—81	M	M10—5g 6g—S	公称直径为 10 mm 的普通粗牙螺纹，中径公差带代号为 5g，顶径公差带代号为 6g，普通粗牙螺纹不注螺距
细牙普通螺纹	GB197—81	M	M20×2LH—6H	公称直径为 20 mm、螺距为 2 mm 的细牙左旋普通内螺纹，中径与顶径公差带代号均为 6H
小螺纹	GB/T15054.4—94	S	S0.8 4H5	公称直径为 0.8 mm 的内螺纹，中径公差带代号为 4H，顶径公差等级为 5 级
			S1.2 LH5h3	公称直径为 1.2 mm 的左旋外螺纹，中径公差带代号为 5h，顶径公差等级为 3 级
梯形螺纹	GB5796.4—86	Tr	Tr40×7－7H	公称直径为 40 mm、螺距为 7 mm、中径与顶径公差带代号均为 7H 的梯形内螺纹
			Tr40×14(P7) LH—7e	公称直径为 40 mm、导程为 14 mm 的双线左旋梯形外螺纹，中径与顶径公差带代号均为 7e
锯齿形螺纹	GB/T13576—92	B	B40×7—7A	公称直径为 40 mm、螺距为 7 mm、中径与顶径公差带代号均为 7 A 的锯齿形内螺纹
			B40×14(P7) LH—8c—L	公称直径为 40 mm、导程为 14 mm 的双线左旋锯齿形外螺纹，中径与顶径公差带代号均为 8c，长旋合长度

续表

螺纹类别	标准编号	特征代号	标注示例	说　　明
米制锥螺纹	GB/T1415－92	ZM	ZM10	公称直径为 10 mm 的米制锥螺纹
			M10×1• GB1415	公称直径为 10 mm、螺距为 1 mm 的细牙米制锥螺纹
			ZM10—S	公称直径为 10 mm、短旋合长度的米制锥螺纹
60°圆锥管螺纹	GB/T12716—91	NPT	NPT3/8—LH	公称直径为 3/8 in 的左旋 60°圆锥管螺纹
非螺纹密封的55°圆柱管螺纹	GB7307—87	G	G1/2—LH	管子孔径为 1/2 in 的左旋圆柱管螺纹
用螺纹密封的管螺纹　圆锥外螺纹	GB7306—87	R	R1/2—LH	公称直径为 1/2 in 的左旋圆锥外螺纹
用螺纹密封的管螺纹　圆锥内螺纹		Rc	Rc$1\frac{1}{2}$	公称直径为 $1\frac{1}{2}$ in 的圆锥管内螺纹
用螺纹密封的管螺纹　圆柱内螺纹		Rp	Rp1/2	公称直径为 1/2 in 的圆柱管内螺纹

2．表面粗糙度

在给定的零件图中，有的还是按表面光洁度标注的，或者虽是按表面粗糙度标注，但却不是第一系列，因此可按表 2-3 转换标注，也可参考表 2-4 确定后重新标注。

3．材料

个别零件图上的材料是按旧国家标准给出的，如 HT15—33 等，在零件图的设计中，要求一律对应换成新国标。表 2-5～表 2-9 为部分常用金属材料新旧国家标准对照、性能及用途表，可供大家在课程设计中选用。

表 2-3　GB/1031—68 表面光洁度与 GB/T1031—1995 表面粗糙度参数值的对应关系

μm

级别	R_a					R_z				
	GB/1031—68	GB/T1031—1995				GB/1031—68	GB/T1031—1995			
		系列值	补充系列值	按系列值向上靠	按系列值向下靠		系列值	补充系列值	按系列值向上靠	按系列值向下靠
▽1	＞40～80	100 50	80 63	50	100	＞160～320	1600 800 400 200	1250 1000 630 500 320 250	200	400
▽2	＞20～40	25	40 32	25	50	＞80～160	100	160 125	100	200
▽3	＞10～20	12.5	20 16	12.5	25	＞40～80	50	80 63	50	100

续表

级别	R_a					R_z				
	GB/1031—68	GB/T1031—1995				GB/1031—68	GB/T1031—1995			
		系列值	补充系列值	按系列值向上靠	按系列值向下靠		系列值	补充系列值	按系列值向上靠	按系列值向下靠
▽4	>5～10	6.3	10 8	6.3	12.5	>20～40	25	40 32	25	50
▽5	>2.5～5	3.2	5 4	3.2	6.3	>10～20	12.5	20 16	12.5	25
▽6	>1.25～2.5	1.6	2.5 2.0	1.6	3.2	>6.3～10	6.3	10 8.0	6.3	12.5
▽7	>0.63～1.25	0.8	1.25 1.0	0.8	1.6	>3.2～6.3	3.2	5.0 4.0	6.3	
▽8	>0.32～0.63	0.4	0.63 0.5	0.4	0.8	>1.6～3.2	1.6	2.5 2.0	3.2	
▽9	>0.16～0.32	0.2	0.32 0.25	0.2	0.4	>0.8～1.6	0.8	1.25 1.0	1.6	
▽10	>0.08～0.16	0.1	0.16 0.125	0.1	0.2	>0.4～0.8	0.4	0.63 0.5	0.8	
▽11	>0.04～0.08	0.05	0.08 0.063	0.05	0.1	>0.2～0.4	0.2	0.32 0.25	0.4	
▽12	>0.02～0.04	0.025	0.04 0.032	0.025	0.05	>0.1～0.2	0.1	0.16 0.125	0.2	
▽13	>0.01～0.02	0.012	0.02 0.016	0.012	0.025	>0.05～0.1	0.05	0.08 0.063	0.1	
▽14	<0.01	—	0.010 0.008	—	0.012	<0.05	0.025	0.040 0.032	0.05	

表 2-4　表面光洁度与表面粗糙度 R_a 值对照表

粗糙度	表面特征		应　　用	加工方法
$\checkmark$(∽)			不加工表面	粗锉刀锉、粗砂轮加工
R_a50(▽1)	粗糙	有明显可见刀痕	粗加工表面，一般很少采用	粗车、粗刨、粗铣、钻、粗镗、锯断
R_a25(▽2)			粗加工表面，焊接前的焊缝等	粗车、粗刨、粗铣、粗钻、锉
R_a12.5(▽3)			一般非接合表面，如轴的端面、倒角，齿轮及皮带轮的侧面，键槽的非工作面等	

续表

粗糙度	表面特征		应　　用	加工方法
R_a6.3(▽4)	半光	可见加工痕迹	不重要零件的非配合表面，如支柱、支架、衬套、轴、盖等的端面，内、外花键的非定心表面等	车、刨、铣、镗、钻、锉、粗铰
R_a3.2(▽5)		微见加工痕迹	非配合的连接面，如箱体、外壳、端盖等零件的端面；键和键槽的工作表面等	车、刨、铣、镗、磨、拉、粗刮、滚压
R_a1.6(▽6)		看不清加工痕迹	安装轴承外圈的孔，普通精度齿轮的齿面，定位销孔，外径定心的内花键外径等	车、刨、铣、镗、磨、拉、刮、滚压、铣齿
R_a0.8(▽7)	光	可见加工痕迹方向	要求定心及配合的表面，如锥销、圆柱销表面，与滚动轴承配合的轴颈及外壳孔，内、外花键的定心内径，外花键键侧及定心外径，过盈配合 IT7 的孔(H7)，磨削的轮齿表面等	车、镗、磨、拉、刮、精铰、磨齿、滚压
R_a0.4(▽8)		微辨加工痕迹方向	IT7 的轴、孔配合表面，精度较高的轮齿表面，受变应力作用的重要零件等	精铰、精镗、磨、刮、滚压
R_a0.2(▽9)		不可辨加工痕迹方向	IT5、IT6 配合表面，高精度齿轮的齿面，工作时受变应力作用的重要零件的表面等	精磨、珩磨、研磨、超精加工
R_a0.1(▽10)	最光	暗光泽面	工作时承受较大变应力作用的重要零件表面，精确定心的锥体表面，液压传动用的孔表面，活塞销的外表面，仪器导轨面，阀的工作面等	精磨、研磨、普通抛光
R_a0.05(▽11)		亮光泽面	保证高度气密性的接合表面，如活塞、柱塞和汽缸内表面、摩擦离合器的摩擦表面、滚动导轨中的钢球或滚子和高速摩擦的工作表面等	超精磨、精抛光、镜面磨削
R_a0.025(▽12)		镜状光泽面	高压柱塞泵中柱塞和柱塞套的配合表面，中等精度仪器零件的配合表面等	
R_a0.012(▽13)		雾状镜面	仪器的测量表面和配合表面，大尺寸块规的工作面等	镜面磨削、超精研磨
R_a0.008(▽14)		镜面	块规的工作面，高精度测量仪器的测量面等	

表 2-5 碳素结构钢的牌号新旧对照、性能及用途

旧标准(GB700—79)牌号	与新标准(GB/T700—1988)相近的牌号	抗拉强度 $\sigma_b \geq$MPa	用途
A1	Q195	315～390	垫铁、铆钉、垫圈、地脚螺栓、开口销、冲压零件及焊接件
A2	Q215	335～410	金属结构件、拉杆、套圈、铆钉、螺栓、心轴、垫圈、渗碳零件及焊接件
A3	Q235	375～450	金属结构件、心部强度要求不高的渗碳或氰化零件；吊钩、拉杆、套圈、汽缸、齿轮、螺栓、螺母、连杆、轮轴及焊接件
A4	Q255	410～510	轴、轴销、刹车杆、螺栓、螺母、楔、连杆、齿轮以及其他强度较高的零件，焊接性尚可
A5	Q275	490～610	轴、轴销、刹车杆、螺栓、螺母、楔、连杆、齿轮以及其他强度较高的零件，焊接件尚可

表 2-6 低合金钢的牌号新旧对照

旧标准(GB1591—1988)牌号	新标准(GB/T1591—1994)牌号
09MnV、09MnNb、09Mn2、12Mn	Q295
18Nb、09MnCuPTi、10SnSiCu、12WMnV、14MnNb、16Mn、16MnRE	Q345
10MnPNbRE、15MnV、15MnTi、16MnNb	Q390
14 MnVTiRE、15MnVN	Q420
—	Q460

注：旧标准中尾数 b 为半镇静钢。

表 2-7 灰口铸铁的牌号新旧对照、性能及用途

旧标准(GB976—67)牌号	与新标准(GB5675—85)相当的牌号	抗拉强度 $\sigma_b \geq$MPa	用途
	HT100	100	低应力零件，如盖、外罩、手轮、重锤、支架等
HT15—33	HT150	150	端盖、泵体、轴承座、阀壳、管子及管路附件、机床底座、床身、工作台等
HT20—40	HT200	200	低压汽缸、机体、飞轮、衬筒、一般机床铸有导轨的床身、液压泵和阀的壳体等
HT25—47	HT250	250	油缸、汽缸、联轴器、齿轮箱、液压泵、飞轮、轴承座、低速轴瓦等较大应力零件
HT30—54	HT300	300	齿轮、凸轮、压力机床身、导板、重负荷铸有导轨的机床床身、高压液压缸、液压泵和滑阀壳体等重要零件
HT35—61	HT350	350	齿轮、凸轮、压力机床身、导板、重负荷铸有导轨的机床床身、高压液压缸、液压泵和滑阀壳体等重要零件

表 2-8 球磨铸铁牌号新旧对照、基体及用途

旧标准(GB1348—78)牌号	与新标准(GB/T1348—1998)相当的牌号	基体类型	用　途
QT40—17	QT400—18	铁素体	有较高的塑性、韧性和低温冲击值。可用于制造阀体、阀盖，压缩机汽缸、输气管，汽车、拖拉机零件和其他农机具
	QT400—15		
QT42—10	QT450—10		
QT50—5	QT500—7	铁素体＋珠光体	制造机油泵齿轮、水轮机阀体，机车车辆轴瓦等
	QT600—3		
QT60—2	QT700—2	珠光体	制造柴油机、汽油机的曲轴、凸轮轴，球磨机齿轮，汽缸体、汽缸套、活塞环、部分机床主轴及农机零件
QT70—2			
QT80—2	QT800—2		
QT120—0	QT900—2	下贝氏体	制造汽车的螺旋齿轮，拖拉机减速齿轮，柴油机、汽油机的凸轮轴

表 2-9 一般工程用铸造碳钢牌号新旧对照、特性及用途

旧标准(GB979—67)牌号	与新标准(GB5675—85)相当的牌号	特　性	用　途
ZG15	ZG200—400	强度和硬度较低，韧性和塑性良好，低温冲击韧性大，脆性转变温度低，焊接性良好，铸造性能差	机座、变速箱体、电磁吸盘等
ZG25	ZG230—450		轧机机架、机座、箱体、锤轮、工作温度在450℃以下管路附件
ZG35	ZG270—500	较高的强度和硬度，韧性和塑性适度，铸造性比低碳钢高，有一定的焊接性能	飞机、机架、蒸汽锤、汽缸、联轴器、水压机工作缸、横梁
ZG45	ZG310—570		联轴器、齿轮、汽缸、轴、齿圈及重负荷机架
ZG55	ZG340—640	塑性、韧性低，强度和硬度高，铸造和焊接性能差	起重运输机中齿轮、联轴器及重要的零件等

第三章　机械加工工艺过程设计

3.1　概　　述

在机械产品的生产过程中，把那些由原材料变为成品直接有关的过程，如毛坯的制造、机械加工、热处理和装配等过程，称为工艺过程。用机械加工的方法，直接改变毛坯的形状、尺寸和表面质量，使之成为产品零件的工艺过程，称为机械加工工艺过程。

机械加工工艺过程由若干个工序组成，而每一个工序又可细分为安装、工位、工步和走刀等。

机械加工工艺过程列出了整个零件加工所经过的工艺路线(包括毛坯、机械加工和热处理等)，它是制订其他工艺文件的基础，也是生产技术准备、安排计划组织生产的依据。单件小批生产中，一般简单零件只编制工艺过程卡片直接用来安排指导生产。

一、制订工艺过程的基本要求

制订工艺过程的基本要求是在保证产品质量的前提下，能尽量提高生产率和降低成本。同时，还应注意做到技术上的先进性、经济上的合理性，保证工人具有良好的劳动条件。

因此，每个零件一般都应草拟几个工艺过程方案，经过反复比较，从中选择一个切实可行的最佳方案。

二、制订工艺过程的方法步骤

编制工艺过程一般可按以下步骤进行：

(1) 零件图的工艺分析。

(2) 毛坯设计。

(3) 拟订零件的加工工艺路线。

(4) 工序设计。

(5) 填写工艺过程卡片。

3.2　零件图的工艺分析

零件图是制定工艺规程最主要的原始资料。在制定工艺时，必须首先对零件图加以认真分析。为了更深刻地理解零件结构上的特征和主要技术要求，条件许可时通常还要研究零件所在机械设备的总装图、部件装配图及验收标准，从中了解零件的功用和相关零件的配件，以及主要技术要求制定的依据等。

一、零件工艺性的概念

零件工艺性是指所设计的零件在能满足使用的前提下制造的可行性和经济性。它包括零件各制造过程中的工艺性，具体有零件结构的铸造、锻造、冲压、焊接、热处理、切削加工工艺性等。可见零件工艺性涉及面很广，具有综合性，必须全面综合地分析。在制定机械加工工艺规程时，应主要对零件切削加工工艺性进行分析。

二、零件的结构工艺性分析

零件结构是指组成零件的各加工面。显然结构的工艺性会直接影响零件的工艺性。

1．零件结构的组成及特点

不同零件具有不同的形状和尺寸。无论哪种零件，其都是由一些基本的表面和成型表面围成的。

在对具体零件进行结构分析时，首先要分析该零件是由哪些表面组成的，不同形状的表面要用不同的方法加工。例如，外圆表面一般由车削和磨削加工出来，内孔则多通过钻、扩、铰、镗和磨削等加工方法获得。除表面形状外，表面尺寸对加工方法的选择也有重要的影响。例如，同为内孔，大孔多用镗削，小孔则用钻、扩、铰的方法加工。

2．零件结构要素的工艺性

(1) 各要素的形状应尽量简单，面积应尽量小，规格应尽量标准和统一。

(2) 刀具能正常进入、退出和顺利通过加工表面。如图3-1所示，双联斜齿轮齿圈间轴向距离很小，小齿圈不能用滚齿加工，只能用插齿加工，但插斜齿轮需专用螺旋导轨，因而其结构工艺性不好。若能先分别滚切两个齿圈，再将二者焊成一体(为避免热变形，最好采用电子束焊)，工艺性就较好。

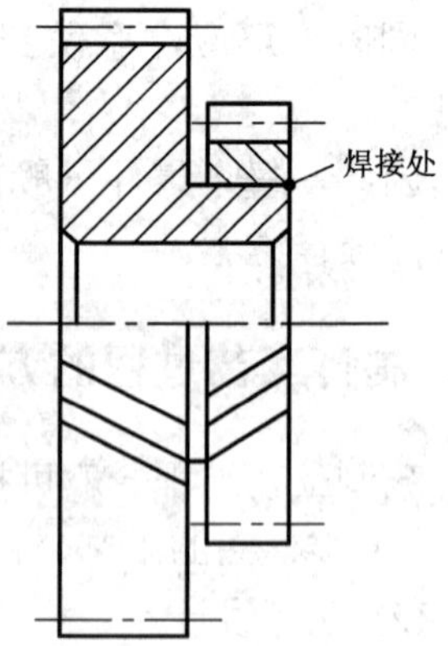

图 3-1　双联斜齿轮

(3) 减少刀具或工件装夹次数，提高工效。

在分析零件的结构时，不仅要注意零件各个构成表面本身的特征，还要注意这些表面的不同组合。正是这些不同的组合才形成了零件结构上的特点。例如，以内、外圆为主的表面，既可组成盘、环类零件，也可构成套筒类零件。而套筒类零件既可是一般的轴套，也可以是形状复杂的薄壁套筒。上述不同结构的零件在工艺上往往有着较大的差异，在机械制造中，通常按照零件结构和加工工艺过程的相似性，将各种零件大致分为轴类零件、套类零件、箱体类(腔类)零件、轮盘板类零件、叉杆类零件(杂件)和机架类零件等。

表3-1列出了最常见的零件切削加工工艺性实例，供分析时参考。

表 3-1　零件切削加工工艺性

序号	工艺性差的结构	工艺性好的结构	说　明
1	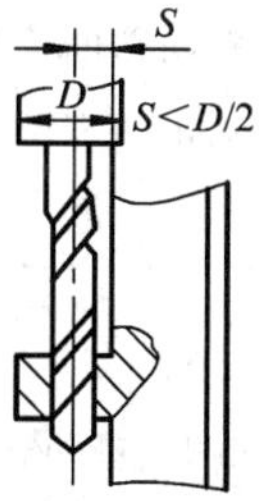	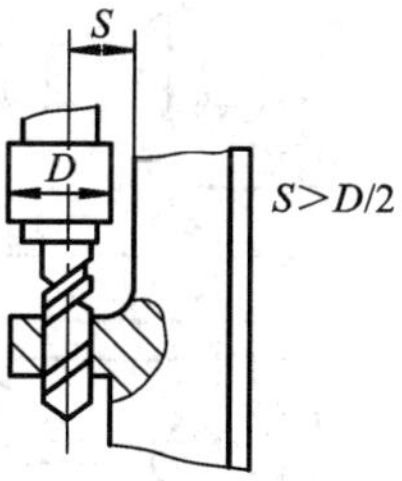	尽量不采用接长杆钻头等非标准刀具
2	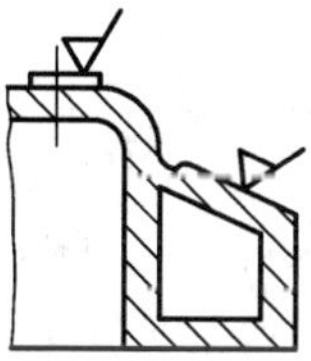	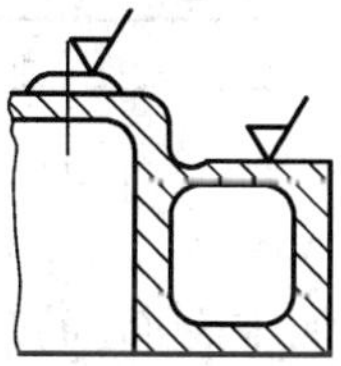	避免倾斜的加工面和孔，改进后可减少装夹次数并利于加工
3	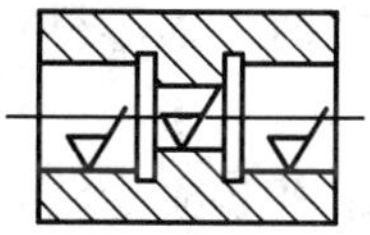	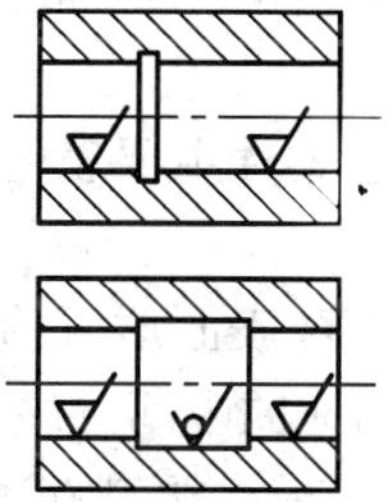	原设计需从两端进行加工，改进后只需一次装夹
4	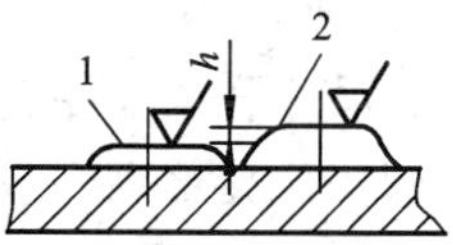	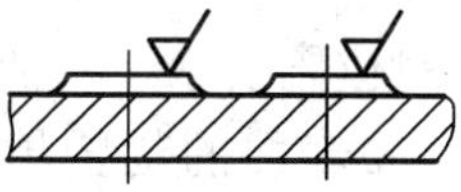	被加工表面(1，2 面)尽量设计在同一平面上，可以一次走刀加工，缩短调整时间，保证加工面的相对位置精度
5	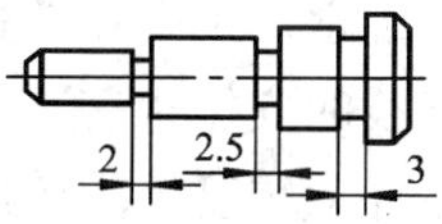	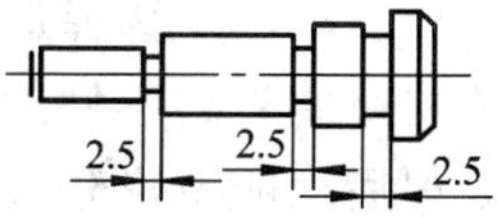	轴上退刀槽或键槽的形状与宽度尽量一致
6	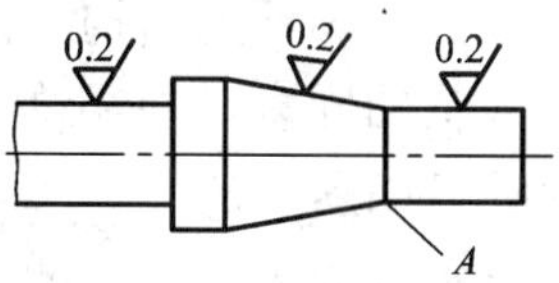	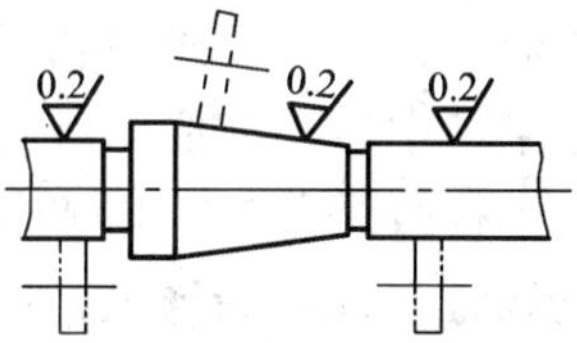	磨削时各表面间的过渡部位应设计出越程槽，以保证砂轮自由退出和加工的空间
7	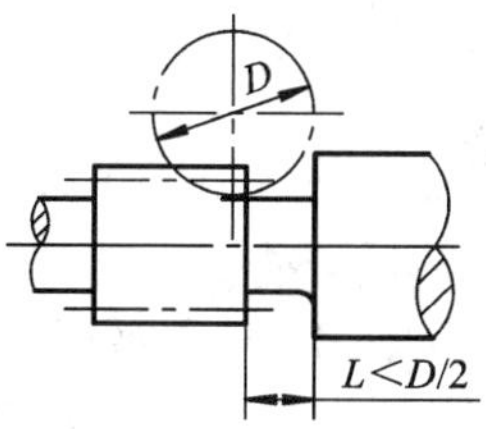	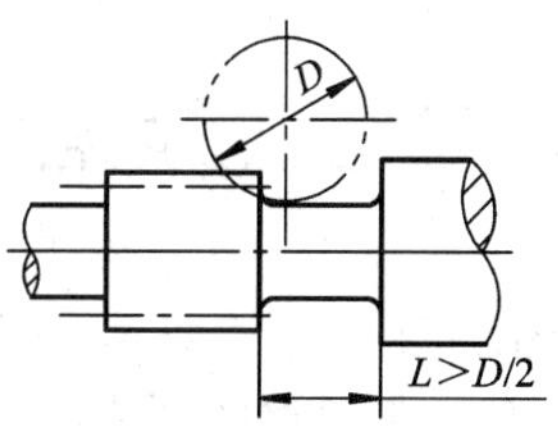	退刀槽长度 L 应大于铣刀的半径 $D/2$

续表

序号	工艺性差的结构	工艺性好的结构	说　明
8	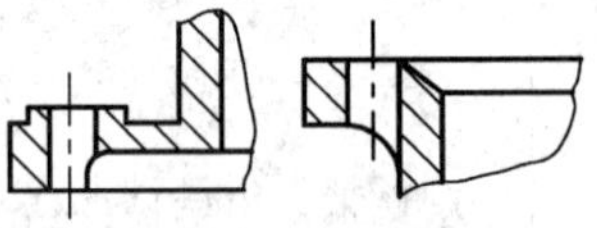	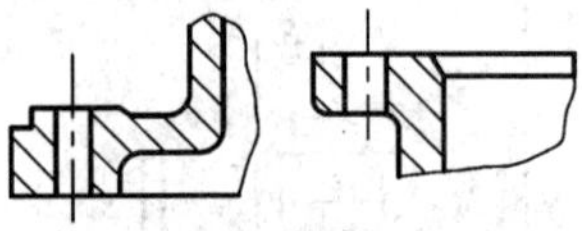	避免在斜面上钻孔及钻头单刃切削，以防止刀具损坏和造成加工误差
9	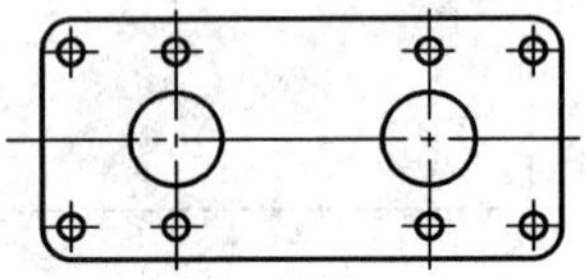	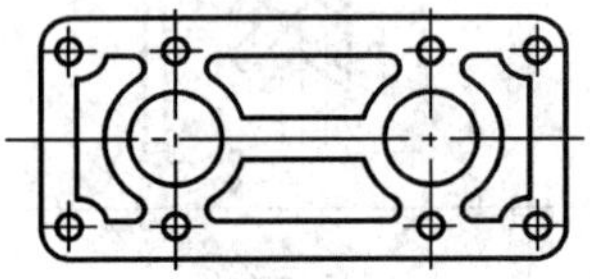	减少大面积的铣、刨磨削加工面

三、零件的技术要求分析

零件的技术要求包括：① 主要加工表面的尺寸精度；② 主要加工表面的形状精度；③ 主要加工表面之间的相互位置精度；④ 各加工表面的粗糙度及表面质量方面的其他要求；⑤ 热处理要求及其他要求。

根据零件结构的特点，在分析了零件主要表面的技术要求之后，对零件的加工工艺就应该有了一个初步的了解。

首先，根据零件主要表面的精度和表面质量的要求，就可以初步确定为达到这些要求所需的最终加工方法，然后再确定相应的中间工序、粗加工工序及所需的加工方法。例如，对于孔径不大的 IT7 级精度的内孔，最终加工方法取精铰，那么精铰孔之前通常要经过钻孔、扩孔和粗铰等加工。

其次要分析加工表面之间的相对位置要求，包括表面之间的尺寸联系和相对位置精度。认真分析零件图上尺寸的标注及主要表面的位置精度，即可初步确定各加工表面的加工顺序。

图样上给出的零件材料与热处理要求，是选择加工方法、确定加工余量、选择机床型号及确定有关切削用量等的重要依据，此外对零件加工工艺路线的安排也有一定的影响。例如，要求渗碳淬火的零件，热处理后一般变形较大。对于零件上精度要求较高的表面，工艺上要安排精加工工序(多为磨削加工)，而且要适当加大精加工的工序加工余量。

当发现图样上的视图、尺寸标注、技术要求有错误或遗漏，或零件的结构工艺性不好时，应提出修改意见。但在实际生产中修改时必须征得设计人员的同意，并经过一定的批准手续，必要时应与设计者协商进行改进分析，以确保在保证产品质量的前提下，更加容易地将零件制造出来。在课程设计时必须经指导教师同意，以免修改不完善，或是将本来正确的反倒改错了。

3.3　数控加工内容的确定

众所周知，一个零件并非全部加工都适合在数控机床上完成，而只是其中的一部分的某道或某几道工序适合于数控加工。在对零件图进行工艺分析的同时，就可选择确定最适合、最需要进行数控加工的内容和工序。一般可按下列顺序进行选择。

一、适合进行数控加工的内容

(1) 首选内容——通用机床无法加工的内容。

(2) 重点选择的内容——通用机床加工困难、质量难以保证的内容。

(3) 可选内容——在数控机床任务不饱满时，可选择通用机床加工效率低，工人劳动强度大的内容进行加工。

二、不宜采用数控加工的内容

(1) 占机调整时间长。如以毛坯的粗基准定位加工第一个精基准，要用专用工装协调的加工内容。

(2) 加工部位分散，要多次安装、设置原点。这时采用数控加工很麻烦，效果也不明显，可安排通用机床加工。

(3) 按某些特定的制造依据(如样板等)加工的型面轮廓。主要原因是获取数据困难，易与检验依据发生矛盾，增加了编程难度。

必须指出的是，在选择和决定加工内容时，还要考虑生产批量、生产周期、工序间周转情况等。既要注意充分发挥数控机床的作用，又要防止把数控机床降格为通用机床使用。总之，要尽量做到合理，以达到多、快、好、省的目的。

3.4 毛坯的设计

毛坯的形状和尺寸越接近成品零件，材料消耗就越少，机械加工的劳动量也越少，因而会提高机械加工效率，降低成本。但毛坯的制造费用却提高了。因此，毛坯设计要从机械加工和毛坯制造两方面综合考虑，以求得最佳效果。设计毛坯包括选择毛坯种类及其制造方法，画出毛坯图样。

毛坯设计是否合理，对于零件加工的工艺性以及机械产品质量和寿命都有很大的影响。在毛坯的设计中，首先考虑的是毛坯的种类。

一、毛坯的种类

零件的毛坯种类主要分为型材、锻件、铸件和焊接、冲压等半成品件。

1. 型材

型材是指利用冶金材料厂提供的圆钢、方钢、管材、板材等各种形状截面的材料，经过下料以后直接送往加工车间进行表面加工的毛坯。

热轧型材的尺寸较大，精度低，多用作一般零件的毛坯；冷轧型材的尺寸较小，精度较高，多用于毛坯精度要求较高的中、小零件，适用于自动机床加工。

2. 锻件

经型材下料，再通过锻造获得合理的几何形状和尺寸的零件坯料，称为锻件毛坯。锻件毛坯适用于零件强度较高、形状较简单的零件。尺寸大的零件，因受设备限制一般用自由锻；中、小型零件可选模锻；形状复杂的钢质零件不宜用自由锻。

(1) 锻造的目的。零件毛坯的材质状态如何，对于零件加工的质量和零件使用寿命都有较大的影响。通过锻造后的毛坯，可打碎型材中的共晶网状碳化物，并使碳化物分布均匀，晶粒组织细化，这样就能充分发挥材料的力学性能，提高零件的加工工艺性和使用寿命。

(2) 锻件的加工余量。如果锻件机械加工的加工余量过大，不仅浪费材料，同时会造成机械加工工作量过大，增加机械加工工时；如果锻件的加工余量过小，锻造过程中产生的锻造夹层、表层裂纹、氧化层、脱碳层和锻造不平的现象不能消除，无法得到合格的零件。

3. 铸件

铸件是将液体金属浇入与零件形状相适应的铸型中，待其冷凝后获得合理的几何形状和尺寸的零件坯料。铸件适用于形状复杂的毛坯。薄壁零件不可用砂型铸造；尺寸大的铸件宜用砂型铸造；中、小型零件可用较先进的精密铸造方法。

对于铸件的质量要求主要有：

(1) 铸件的化学成分和力学性能应符合图样规定的材料牌号标准。

(2) 铸件的形状和尺寸要求应符合铸件图的规定。

(3) 铸件的表面应进行清砂处理，去除结疤、飞边和毛刺，其残留高度应小于或等于1～3 mm。

(4) 铸件内部，特别是靠近工作面处不得有气孔、砂眼、裂纹等缺陷；非工作面不得有严重的疏松和较大的缩孔。

(5) 铸件应及时进行热处理，铸钢件应依据牌号确定热处理工艺。热处理工艺一般以完全退火为主，退火后的硬度应小于229 HB。铸铁件应进行时效处理，以消除内应力和改善加工性能，铸铁件热处理后的硬度应小于269 HB。

4. 焊接件

焊接件毛坯可由型材、锻件、铸钢件等焊接组合而成，对于大件来说，焊接件简单、方便，特别是单件小批生产可大大缩短生产周期。但焊接后变形大，需经时效处理。

5. 冲压件

板材冷冲压毛坯可以非常接近零件成品要求，适用于形状复杂的板料零件，多用于中、小尺寸件的大批大量生产。

二、毛坯种类的选择

(1) 根据图纸规定的材料及机械性能选择。图纸标定的材料基本确定了毛坯的种类。例如，材料是铸铁，就要用铸造毛坯；材料是钢材，若力学性能要求高，可选锻件；若力学性能要求较低，可选型材或铸钢。

(2) 根据零件的功能选择。主要根据工作条件、材料、结构特点三者综合考虑。如材料为45钢，则轴以锻件为主；光轴也可用圆钢，各台阶直径相差不大的，可用棒料；各台阶的直径相差较大，宜用锻件；中小齿轮多用锻件做毛坯，大齿轮常用铸钢件做毛坯。

(3) 根据生产类型选择。大量生产应选精度和生产率都较高的毛坯制造方法。如铸件应采用金属模机器造型或精密铸造；锻件应采用模锻或冷轧、冷拉型材等。单件小批生产则应采用木模手工造型的铸件或自由锻锻件。

(4) 根据具体生产条件选择。确定毛坯必须结合具体生产条件，如现场毛坯制造的实际水平和能力、外协的可能性等。有条件时，应积极组织地区专业化生产，统一供应毛坯。

三、毛坯的形状和尺寸设计

设计毛坯的形状、确定毛坯尺寸总的要求是：减少“肥头大耳”，实现少无屑加工，使毛坯的形状力求接近成品形状，以减少机械加工的劳动量。

采用锻件、铸件毛坯时，因锻模时的欠压量与允许的错模量的不等；铸造时会因砂型误差、收缩量及金属液体的流动性差不能充满型腔等造成余量的不等；锻造、铸造后，毛坯的挠曲与扭曲变形量的不同也会造成加工余量不充分、不稳定。因此，除板料外，不论是锻件、铸件还是型材，只要准备采用数控加工，其加工表面均应有较充分的余量。同时，当铸、锻坯件的加工余量过大或很不均匀时，若采用数控加工，则既不经济，又会降低机床的使用寿命。所以毛坯的形状要力求接近成品形状，一方面加工余量应充分、均匀，另一方面余量还不能过大。

此外，设计毛坯的形状和尺寸时，以下几种特殊情况应加以注意：

(1) 尺寸小或薄的零件，为便于装夹并减少夹头，可多个工件连在一起由一个毛坯制出。

(2) 装配后形成同一工作表面的两个相关零件，如开合螺母外壳、发动机连杆和曲轴轴瓦盖、对合轴瓦等毛坯都是两件合制的。为保证加工质量并使加工方便，常把两件合为一个整体毛坯，加工到一定阶段后再切开。

(3) 对于在加工时不便装夹的毛坯，可考虑在毛坯上另外增加装夹余量或工艺凸台、工艺凸耳等。如图 3-2(a)所示的电动机端盖，在加工中心上一次安装可完成所有加工端面及孔的加工。但表面上无合适的定位基准，因此，在分析零件图时，可向设计部门提出，改成图 3-2(b)所示的结构，增加三个工艺凸台，以此作为定位基准。

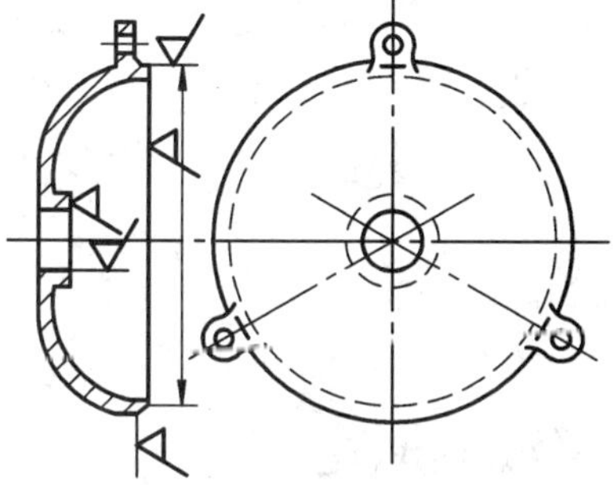
(a)

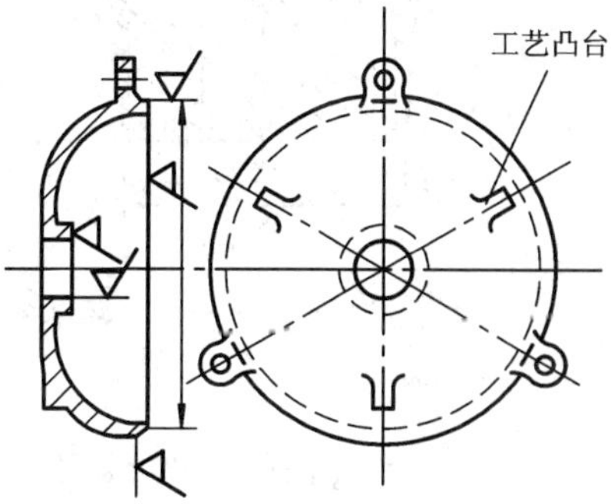

(b)

图 3-2　电动机端盖简图

四、毛坯图设计

设计毛坯图的内容包括毛坯形状、尺寸及公差，分型(分模)面及浇冒口位置，拔模斜度及圆角，毛坯组织、硬度，表面及内部缺陷等技术要求。它是毛坯制造、模具设计、机械加工工艺规程编制的依据。

毛坯图的绘制步骤如下：

(1) 用双点划线画出简化了次要细节的零件图的主要视图，将确定的加工余量叠加在各相应被加工表面上，即得到毛坯轮廓，轮廓线用粗实线表示。

(2) 为表达清楚零件的内部结构，可画出必要的剖视图。

(3) 在图上标出毛坯主要尺寸及公差，加工后零件的尺寸要括在括号内，作为参考尺寸注在毛坯尺寸之下。

(4) 标明毛坯的技术要求。如毛坯精度、热处理及硬度、圆角尺寸、起模斜度、表面质量要求(气孔、缩孔、夹砂等)等。

图 3-3 是一个锻件毛坯图示例。

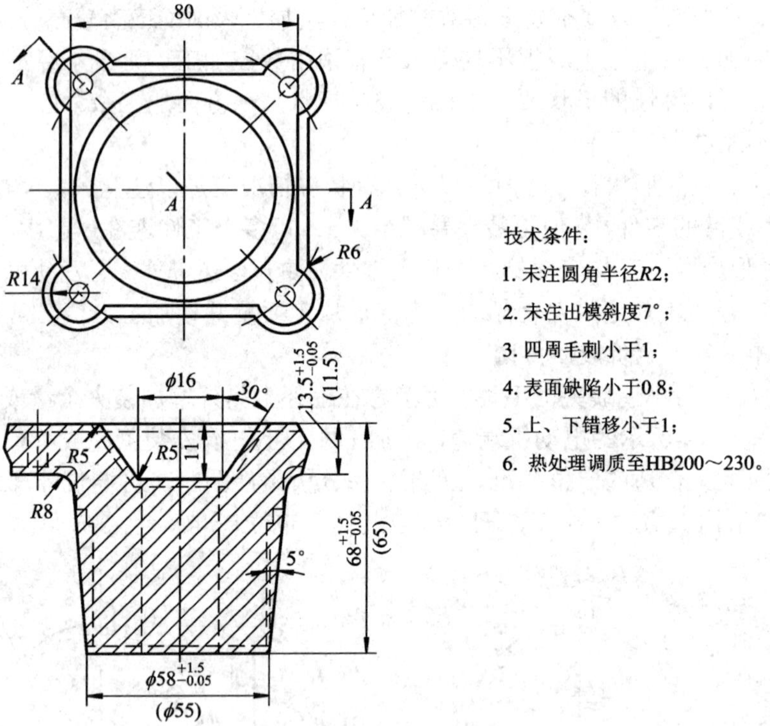

图 3-3　锻件毛坯图

3.5　零件加工工艺路线的拟定

编制工艺规程大体分两步：一是拟定加工工艺路线，二是进行工序设计。这里先阐述拟定加工工艺路线时的一些带有经验性和综合性的原则。

一、零件表面加工方法的选择

零件加工表面的获得过程是加工工艺过程的基本内容。零件表面加工方法的选择是拟定加工工艺路线的首要步骤。选择时主要考虑以下几个方面。

1．被加工表面的几何特点

不同的加工表面是由不同的机床运动关系和加工方法获得的。如外圆表面主要由车削和磨削方法获得，内孔表面主要由钻削、铰削、镗削、磨削及拉削方法获得，平面主要由刨削、铣削和磨削方法获得，等等。所以，被加工表面的几何特点决定了加工方法的选择范围。

2．被加工表面的技术要求

不同的加工方法可得到不同的加工精度范围和表面粗糙度范围。加工精度高的一般成本就高，精度低的成本也就低。在正常的加工条件下，即采用符合质量的标准设备，使用合格的技术等级工人，同时不延长加工时间，就能保证的加工精度称为经济加工精度。在同样的加工条件下，所获得的表面粗糙度即为经济粗糙度。

表 3-2～表 3-4 是外圆、内孔和平面加工的典型加工路线及所能达到的经济加工精度和表面粗糙度。表 3-5～表 3-11 是各种加工方法所能达到的经济加工精度和表面粗糙度。

表 3-2　外圆柱面加工路线

序号	加 工 方 案	经济精度等级	表面粗糙度 R_a值/μm	适 用 范 围
1	粗车	IT13～IT11	R_z50～100	适用于除淬火钢以外的各种金属
2	粗车—半精车	IT10～IT8	6.3～3.2	
3	粗车—半精车—精车	IT8～IT7	1.6～0.8	
4	粗车—半精车—精车—滚压(或抛光)	IT7～IT6	0.20～0.08	
5	粗车—半精车—磨削	IT7～IT6	0.8～0.4	主要用于淬火钢，也可用于未淬火钢，但不宜加工有色金属
6	粗车—半精车—粗磨—精磨	IT7～IT5	0.4～0.1	
7	粗车—半精车—粗磨—精磨—超精加工(或轮式超精磨)	IT5	0.10～0.012(或 R_z0.1)	
8	粗车—半精车—精车—金刚车	IT7～IT6	0.40～0.025	主要用于有色金属
9	粗车—半精车—粗磨—精磨—镜面磨	IT5 以上	0.20～0.025	极高精度钢件的外圆加工
10	粗车—半精车—粗磨—精磨—研磨	IT5 以上	0.10～0.05	
11	粗车—半精车—粗磨—精磨—抛光	IT5 以上	0.40～0.025	

表 3-3　内孔加工路线

序号	加 工 方 案	经济精度等级	表面粗糙度 R_a值/μm	适 用 范 围
1	钻	IT13～IT11	12.5	加工未淬火钢及铸铁的实心毛坯，也可用于加工有色金属。孔径小于 15 mm
2	钻—铰	IT9～IT8	3.2～1.6	
3	钻—粗铰—精铰	IT8～IT7	1.6～0.8	
4	钻—扩	IT11～IT10	12.5～6.3	加工未淬火钢及铸铁的实心毛坯，也可用于加工有色金属。孔径大于 2 mm
5	钻—扩—铰	IT9～IT8	3.2～1.6	
6	钻—扩—粗铰—精铰	IT8～IT7	1.6～0.8	
7	钻—扩—机铰—手铰	IT7～IT6	0.4～0.2	

续表

序号	加 工 方 案	经济精度等级	表面粗糙度 R_a值/μm	适 用 范 围
8	钻—(扩)—拉	IT8～IT7	1.6～0.8	大批大量生产(精度由拉刀的精度而定)
9	粗镗(或扩孔)	IT13～IT11	12.5～6.3	除淬火钢外各种材料，毛坯有铸出孔或锻出孔
10	粗镗(粗扩)—半精镗(精扩)	IT9～IT8	3.2～1.6	
11	粗镗(粗扩)—半精镗(精扩)—精镗(铰扩)	IT8～IT7	1.6～0.8	
12	粗镗(粗扩)—半精镗(精扩)—精镗—浮动镗刀精镗	IT7～IT6	0.8～0.4	
13	粗镗(扩)—半精镗—磨孔	IT8～IT7	0.8～0.2	主要用于淬火钢，也可用于未淬火钢，但不宜用于有色金属
14	粗镗(扩)—半精镗—粗磨—精磨	IT7～IT6	0.2～0.1	
15	粗镗—半精镗—精镗—精细镗(金刚镗)	IT7～IT6	0.2～0.05	主要用于精度要求较高的有色金属加工
16	钻—(扩)—粗铰—精铰—珩磨； 钻—(扩)—拉—珩磨； 粗镗—半精镗—精镗—珩磨	IT7～IT6	0.2～0.025	精度要求很高的孔
17	以研磨代替上述方法中的珩磨	IT6～IT5	0.1～0.006	

表 3-4 平面加工路线

序号	加 工 方 案	经济精度等级	表面粗糙度 R_a值/μm	适 用 范 围
1	粗车	IT13～IT11	$R_z \geqslant 50$	端面
2	粗车—半精车	IT10～IT8	6.3～3.2	
3	粗车—半精车—精车	IT8～IT7	1.6～0.8	
4	粗车—半精车—磨削	IT7～IT6	0.8～0.2	
5	粗刨(或粗铣)	IT13～IT11	$R_z \geqslant 50$	一般用于不淬硬平面(端铣表面粗糙度 R_a 值较小)
6	粗刨(或粗铣)—精刨(或精铣)	IT10～IT8	6.3～1.6	
7	粗刨(或粗铣)—精刨(或精铣)—刮研	IT7～IT6	0.8～0.1	精度要求较高的不淬硬平面，批量较大时宜采用宽刃精刨(效率高)
8	以宽刃精刨代替上述刮研	IT7～IT6	0.8～0.2	
9	粗刨(或粗铣)—精刨(或精铣)—磨削	IT7	0.8～0.2	精度要求较高的淬硬平面或不淬硬平面
10	粗刨(或粗铣)—精刨(或精铣)—粗磨—精磨	IT7～IT6	0.4～0.025	
11	粗铣—拉	IT9～IT7	0.8～0.2	大量生产，较小的不淬硬平面(精度视拉刀的精度而定)
12	粗铣—精铣—磨削—研磨	IT6～IT5	0.2～0.025	高精度平面
13	粗铣—精铣—磨削—研磨—抛光	IT5 以上	0.1～0.025	

表 3-5 外圆柱面的加工精度

公称直径/mm	车					磨				研磨	用钢珠或滚柱工具滚压			
	粗	半精或一次加工		精		一次加工	粗	精						
	加工的公差等级(IT)和标准公差值(μm)													
	14～12	13	11	10	9	7	9	7	6	5	10	9	7	6
≤3	250～100	140	60	40	25	10	25	10	6	4	40	25	10	6
＞3～6	300～120	180	75	48	30	12	30	12	8	5	48	30	12	8
＞6～10	360～150	220	90	58	36	15	36	15	9	6	58	36	15	9
＞10～18	430～180	270	110	70	43	18	43	18	11	8	70	43	18	11
＞18～30	520～210	330	130	84	52	21	52	21	13	9	84	52	21	13
＞30～50	620～250	390	160	100	62	25	62	25	16	11	100	62	25	16
＞50～80	740～300	460	190	120	74	30	74	30	19	13	120	74	30	19
＞80～120	870～350	540	220	140	87	35	87	35	22	15	140	87	35	22
＞120～180	1000～400	630	250	160	100	40	100	40	25	18	160	100	40	25
＞180～250	1150～460	720	290	185	115	46	115	46	29	20	185	115	46	29
＞250～315	1300～520	810	320	210	130	52	130	52	32	23	210	130	52	32
＞315～400	1400～570	890	360	230	140	57	140	57	36	25	230	140	57	36
＞400～500	1550～630	970	400	250	155	63	155	63	40	27	250	155	63	40

表 3-6 平面的加工精度

公称直径(高度或厚度)/mm	刨削或圆柱铣刀及端铣刀铣削									拉削					磨削					研磨	用钢珠或滚柱工具滚压		
	粗			半精或一次加工		精	细			粗拉		精拉			一次加工		粗	精	细				
	加工的公差等级(IT)和标准公差值(μm)																						
	14	13	11	13	11	10	9	7	6	11	10	9	7	6	9	7	9	7	6	5	10	9	7
＞10～18	430	270	110	270	110	70	43	18	11	—	—	—	—	—	43	18	43	18	11	8	70	43	18
＞18～30	520	330	130	330	130	84	52	21	13	130	84	52	21	13	52	21	52	21	13	9	84	52	21
＞30～50	620	390	160	390	160	100	62	25	16	160	100	62	25	16	62	25	62	25	16	11	100	62	25
＞50～80	740	460	190	460	190	120	74	30	19	190	120	74	30	19	74	30	74	30	19	13	120	74	30
＞80～120	870	540	220	540	220	140	87	35	22	220	140	87	35	22	87	35	87	35	22	15	140	87	35
＞120～180	1000	630	250	630	250	160	100	40	25	250	160	100	40	25	100	40	100	40	25	18	160	100	40
＞180～250	1150	720	290	720	290	185	115	46	29	290	185	115	46	29	115	46	115	46	29	20	185	115	46
＞250～315	1300	810	320	810	320	210	130	52	32	—	—	—	—	—	130	52	130	52	32	23	210	130	52
＞315～400	1400	890	360	890	360	230	140	57	36	—	—	—	—	—	140	57	140	57	36	25	230	140	57
＞400～800	1550	970	400	970	400	250	155	63	40	—	—	—	—	—	155	63	155	63	40	27	250	155	63

注：① 表内资料适用于尺寸小于 1 m、结构刚性好的零件加工，用光洁的加工表面作为定位和测量基准；

② 端铣刀铣削的加工精度在相同的条件下大体上比圆柱铣刀高一级；

③ 细铣仅用于端铣刀铣削。

表 3-7　内孔的加工精度

孔的公称直径/mm	钻或扩钻孔				扩　孔				铰　孔						拉　孔	
	无钻模		有钻模		粗扩	铸孔或冲孔后一次扩孔	扩钻后精扩		半精铰		精　铰		细　铰		粗拉铸孔或冲孔	
	加工的公差等级(IT)和标准公差值(μm)															
	13	11	13	11	13	13	11	10	11	10	9	8	7	6	11	10
≤3	—	60	—	60	—	—	—	—	—	—	—	—	—	—	—	—
>3～6	—	75	—	75	—	—	—	—	75	48	30	18	12	8	—	—
>6～10	—	90	—	90	—	—	—	—	90	58	36	22	15	9	—	—
>10～18	270	—	—	110	270	—	110	70	110	70	43	27	18	11	—	—
>18～30	330	—	—	130	330	—	130	84	130	84	52	33	21	—	—	—
>30～50	390	—	390	—	390	390	160	110	160	100	62	39	25	—	160	100
>50～80	—	—	460	—	460	460	190	120	190	120	74	46	30	—	190	120
>80～120	—	—	—	—	540	540	220	140	220	140	87	54	35	—	220	140
>120～180	—	—	—	—	—	—	—	—	250	160	100	63	40	—	250	160
>180～250	—	—	—	—	—	—	—	—	290	185	115	72	46	—	—	—
>250～315	—	—	—	—	—	—	—	—	320	210	130	81	52	—	—	—
>315～400	—	—	—	—	—	—	—	—	—	—	—	—	—	—	—	—
>400～500	—	—	—	—	—	—	—	—	—	—	—	—	—	—	—	—

孔的公称直径/mm	拉　孔			镗　孔							磨　孔				研磨	用钢球、挤压杆校正，用钢球或滚柱扩孔器挤孔			
	粗拉或钻孔后精拉孔			粗	半精	精			细		粗		精						
	加工的公差等级(IT)和标准公差值(μm)																		
	9	8	7	13	11	10	9	8	7	6	9	8	8	7	6	10	9	8	7
≤3	—	—	—	—	—	—	—	—	—	—	—	—	—	—	—	—	—	—	—
>3～6	—	—	—	—	—	—	—	—	—	—	—	—	—	—	—	—	—	—	—
>6～10	—	—	—	—	—	—	—	—	—	—	—	—	—	—	—	—	—	—	—
>10～18	43	27	18	270	110	70	43	27	18	11	43	27	27	18	11	70	43	27	18
>18～30	52	33	21	330	130	84	52	33	21	13	52	33	33	21	13	84	52	33	21
>30～50	62	39	25	390	160	110	62	39	25	16	62	39	39	25	16	110	62	39	25
>50～80	74	46	30	460	190	120	74	46	30	19	74	46	46	30	19	120	74	46	30
>80～120	87	54	35	540	220	140	87	54	35	22	87	54	54	35	22	140	87	54	35
>120～180	100	63	40	630	250	160	100	63	40	—	100	63	63	40	25	160	100	63	40
>180～250	—	—	—	720	290	185	115	72	46	—	115	72	72	46	29	185	115	72	46
>250～315	—	—	—	810	320	210	130	81	52	—	130	81	81	52	32	210	130	81	52
>315～400	—	—	—	890	360	230	140	89	57	—	140	89	89	57	36	230	140	89	57
>400～500	—	—	—	970	400	250	155	97	63	—	155	97	97	63	40	250	155	97	63

注：① 孔加工精度与工具制造精度有关；

② IT7、IT6 级精度细镗孔要采用金刚石刀具；

③ 用钢球或挤压杆校正适用于孔径≤50 mm。

表 3-8　中心线相互平行的孔的位置精度

加　工	工具的定位	两孔中心线间的距离误差或从孔中心线到平面的距离误差/mm	加　工	工具的定位	两孔中心线间的距离误差或从孔中心线到平面的距离误差/mm
立钻或摇臂钻上钻孔	用钻模	0.1～0.2	卧式镗床上镗孔	用钻模	0.05～0.08
	按划线	—		按定位样板	0.08～0.2
立钻或摇臂钻上镗孔	用镗模	0.05～0.08		按定位器的指示读数	0.04～0.06
车床上镗孔	用带有滑座的角尺	0.1～0.3		用块规	0.05～0.1
	按划线	1.0～2.0		用内径规或用塞尺	0.05～0.25
坐标镗床上镗孔	用光学仪器	0.004～0.015		用程序控制的坐标装置	0.04～0.05
金刚镗床上镗孔	—	0.008～0.02		用游标尺	0.2～0.4
多轴组合机床上镗孔	用镗模	0.03～0.05		按划线	0.4～0.6

表 3-9　中心线相互垂直的孔的位置精度

加　工	工具的定位	在 100 mm 长度上中心线的垂直度/mm	中心线的位置度/mm	加　工	工具的定位	在 100 mm 长度上中心线的垂直度/mm	中心线的位置度/mm
立钻上钻孔	用钻模	0.1	0.5	卧式镗床上镗孔	用镗模	0.04～0.2	0.02～0.06
	按划线	0.5～1.0	0.5～2		回转工作台	0.06～0.3	0.03～0.08
镗床上镗孔	回转工作台	0.02～0.05	0.1～0.2		按指示器调整在工作台上零件的回转	0.05～0.15	0.5～1.0
	回转分度头	0.05～0.1	0.3～0.5				
多轴组合机床上镗孔	用镗模	0.02～0.05	0.01～0.03		按划线	0.5～1.0	0.2～2.0

注：镗中心线在空间相互垂直的孔时，两孔中心线间的距离误差可按本表计算。

表 3-10　各种机床加工时的几何形状(平均经济)精度

机床类型			圆度/mm	圆柱度/(mm/mm 长度)	平面度/(mm/mm 直径)
普通车床	最大加工直径/mm	≤400	0.01(0.005)	0.0075(0.005)/100	0.03(0.015)/200　0.10(0.05)/700 0.04(0.02)/300　0.12(0.06)/800 0.05(0.025)/400　0.14(0.07)/900 0.06(0.03)/500　0.16(0.08)/1000 0.08(0.04)/600
		≤800	0.015(0.0075)	0.025(0.015)/300	
		≤1600	0.02(0.01)	0.03(0.02)/300	
提高精度的(普通)车床			0.005(0.0025)	0.01(0.005)/150	0.02(0.01)/200
立式车床		≤1600	0.0125(0.0075)/400 (mm 直径)	0.025(0.015)/800	0.08(0.05)/1000
		≤2500	0.02(0.01)/600 (mm 直径)	0.035(0.02)/1200	0.09(0.05)/1600
外圆磨床	最大磨削直径/mm	≤200	0.003(0.002)	0.0055(0.0035)/500	
		≤400	0.004(0.0025)	0.005(0.0025)/1000	
		≤800	0.006(0.0035)	0.0125(0.0075)/全长	
无心磨床			0.005(0.0025)	0.04(0.0025)/100	0.003(0.002)等径多边形偏差
珩 磨 机			0.005(0.0025)	0.01(0.005)/300	

续表

机床类型	圆度/mm	圆柱度/(mm/mm 长度)	平面度/(mm/mm 直径)
立式钻床、摇臂钻床	钻孔的偏斜度/(mm/mm 长度)		
	0.3/100(划线法)	0.1/100(钻模法)	

机床类型			圆度 mm	圆柱度 (mm/mm 长度)	平面度 (mm/mm 直径)	成批零件尺寸的分散度/mm	
						直径	长度
六角车床	最大棒料直径/mm	≤12	0.007(0.0035)	0.014(0.007)/300	0.02(0.015)/300	0.04(0.025)	0.12(0.08)
		≤32	0.01(0.005)	0.01(0.005)/300	0.03(0.02)/300	0.05(0.03)	0.15(0.10)
		≤80	0.01(0.005)	0.02(0.01)/300	0.04(0.025)/300	0.06(0.04)	0.18(0.12)
		>80	0.02(0.01)	0.025(0.015)/300	0.05(0.03)/300	0.09(0.06)	0.22(0.15)
卧式镗床	镗杆直径/mm	≤100	0.025(0.0125)外圆 0.02(0.01) 内孔	0.02(0.01)/200	0.04(0.02)/300	孔加工的平行度/(mm/mm) 0.05(0.03)/300	孔和端面加工的垂直度/(mm/mm) 0.05(0.03)/300
		≤160	0.025(0.015)外圆 0.02(0.0125)内孔	0.025(0.015)/300	0.05(0.03)/300		
		>160	0.03(0.02)外圆 0.025(0.015)内孔	0.03(0.02)/400			
内圆磨床	最大磨孔直径/mm	≤50	0.004(0.0025)	0.004(0.0025)/200	0.009(0.005)		0.015(0.008)
		≤200	0.0075(0.004)	0.0075(0.004)/200	0.013(0.008)		0.018(0.01)
		>200	0.01(0.005)	0.01(0.005)/200	0.02(0.01)		0.022(0.012)
立式金刚镗床			0.004(0.0025)	0.01(0.005)/300			0.03(0.02)/300

机床类型			平面度	平行度 (加工面对基准面)	垂直度 (加工面对基准面)	垂直度 (加工面相互间)
			(mm/mm 长度)			
平面磨床	立、卧轴矩台			0.02(0.015)/100		
	卧轴矩台(提高精度)			0.009(0.005)/500		0.01(0.005)/100
	卧轴圆台			0.02(0.01)/圆台直径		
	立轴圆台			0.03(0.02)/1000		
卧式铣床			0.06(0.04)/300		0.04(0.02)/150	0.05(0.03)/300
立式铣床						
龙门铣床	最大加工宽度/mm	≤2000	0.05(0.03)/1000	0.03(0.02)/1000 0.05(0.03)/2000 0.06(0.04)/3000 0.07(0.05)/4000 0.10(0.06)/6000 0.13(0.08)/8000	0.03(0.02)/1000	0.06(0.04)/300
		>2000				0.10(0.06)/500
龙门刨床		≤2000	0.03(0.02)/1000	0.03(0.02)/1000 0.05(0.03)/2000 0.06(0.04)/3000 0.07(0.05)/4000 0.10(0.06)/6000 0.12(0.07)/8000		0.03(0.02)/300
		>2000				0.05(0.03)/500
牛头刨床	最大刨削长度/mm	≤250	0.02(0.01)上加工面 0.04(0.02)侧加工面	0.04(0.02)/最大行程		平面度(加工面间) 0.06(0.03)/最大行程
		≤500	0.04(0.02)上加工面 0.06(0.03)侧加工面	0.06(0.03)/最大行程		0.08(0.05)/最大行程
		≤1000	0.05(0.03)上加工面 0.07(0.04)侧加工面	0.07(0.04)/最大行程		0.12(0.07)/最大行程
插　床	最大插削长度/mm	≤200	0.05(0.025)/300		0.05(0.025)/300	0.05(0.025)/300
		≤500	0.05(0.03)/300		0.05(0.03)/300	0.05(0.03)/300
		≤800	0.06(0.04)/500		0.06(0.04)/500	0.06(0.04)/500
		≤1250	0.07(0.05)/500		0.07(0.05)/500	0.07(0.05)/500

注：括号内数值为标准机床最低出厂精度。

表 3-11　各种加工方法所能达到的表面粗糙度 R_a 值

加　工　方　法	表面粗糙度 R_a 值 /μm	加　工　方　法	表面粗糙度 R_a 值 /μm
车削外圆：粗车	＞10～80	插　削：	＞2.5～20
半精车	＞1.25～10	拉　削：精拉	＞0.32～2.5
精车	＞1.25～10	细拉	＞0.08～0.32
细车	＞0.16～1.25	推　削：精推	＞0.16～1.25
车削端面：粗车	＞5～20	细推	＞0.02～0.63
半精车	＞2.5～10	外圆及内圆磨削：	
精车	＞1.25～10	半精磨(一次加工)	＞0.63～10
细车	＞0.32～1.25	精磨	＞0.16～1.25
车削割槽和切断：		细磨	＞0.08～0.32
一次行程	＞10～20	镜面磨削	＞0.01～0.08
二次行程	＞2.5～10	平面磨削：精磨	＞0.16～5
镗　孔：粗镗	＞5～20	细磨	＞0.08～0.32
半精镗	＞2.5～10	珩　磨：粗珩(一次加工)	＞0.16～1.25
精镗	＞0.63～5	精珩	＞0.02～0.32
细镗(金刚镗床镗孔)	＞0.16～1.25	超精加工：精	＞0.08～1.25
钻　孔：	＞1.25～20	细	＞0.04～0.16
扩　孔：	＞5～20	镜面的(两次加工)	＞0.01～0.04
粗扩(有毛刺)	＞1.25～10	抛　光：精抛光	＞0.08～1.25
精扩	＞1.25～5	细(镜面的)抛光	＞0.01～0.16
铰　孔：	＞2.5～10	砂带抛光	＞0.08～0.32
一次铰孔：钢、黄铜	＞1.25～10	电抛光	＞0.01～2.5
二次铰孔(精铰)：		研　磨：粗研	＞0.16～0.63
铸铁	＞0.63～5	精研	＞0.04～0.32
钢、轻合金	＞0.63～2.5	细研(光整加工)	＞0.01～0.08
黄铜、青铜	＞0.32～1.25	手工研磨	＜0.01～1.25
细　铰：钢	＞0.16～1.25	机械研磨	＞0.08～0.32
轻合金	＞0.32～1.25	砂布抛光(无润滑油)	
黄铜、青铜	＞0.08～0.32	工件原始的 R_a 值　砂布粒度	
铣　削：		＞5～80　24	＞0.63～2.5
圆柱铣刀：粗铣	＞2.5～20	＞2.5～80　36	＞0.63～1.25
精铣	＞0.63～5	＞1.25～5　60	＞0.32～0.63
细铣	＞0.32～1.25	＞1.25～5　80	＞0.16～0.63
端 铣 刀：粗铣	＞2.5～20	＞1.25～2.5　100	＞0.16～0.32
精铣	＞0.32～5	＞0.63～2.5　140	＞0.08～0.32
细铣	＞0.16～1.25	＞0.63～1.25　180～250	＞0.08～0.16
高速铣削：粗铣	＞0.63～2.5	钳工锉削：	＞0.63～20
精铣	＞0.16～0.63	刮　研：点数/cm^2	
刨　削：		1～2	＞0.32～1.25
粗刨	＞5～20	2～3	＞0.16～0.62
精刨	＞1.25～10	3～4	＞0.08～0.32
细刨(光整加工)	＞0.16～1.25	4～5	＞0.04～0.16
槽的表面	＞2.5～10		

3. 零件材料的性质

如淬火钢的精加工要用磨削，而有色金属的精加工为避免磨削时堵塞砂轮，应采用高速精细车削或金刚镗削等切削加工方法。

4. 零件的形状和尺寸

例如，箱体类零件上的孔一般不宜采用拉削或磨削，而应采用镗削或铰削加工；直径大于ϕ60 mm 的孔不宜采用钻、扩、铰等。中、小零件上的孔可采用磨削或拉削的方法加工。

5. 生产类型

加工方法应与生产类型相适应。大批量生产时应选用质量稳定、效率高的加工方法；单件小批生产时应尽量选择通用设备，避免采用非标准的专用刀具进行加工。例如，由于刨削生产效率低，除狭长表面加工等特殊场合应用外，在成批以上生产中已逐渐被铣削所代替；对于孔加工来说，由于镗削加工刀具简单，通用性好，因而广泛地应用于单件小批生产中。

6. 具体的生产条件

零件面的加工方法要立足现有的加工设备和工人的技术水平，以充分利用现有设备和工艺手段。同时还要注意不断引进新技术，对老设备进行技术改造，挖掘企业潜力，不断提高工艺水平。

零件表面加工方法的确定过程如下例所示。

例　在某铸铁箱体零件上加工一个ϕ100H7、粗糙度 R_a 为 1.6～0.8 μm的孔。

(1) 确定可满足加工精度要求的所有可能加工方案。

按零件要求的加工精度采用下列四种加工方案时均可满足技术要求：

① 钻—扩—粗铰—精铰；

② 粗镗—半精镗—精镗；

③ 粗镗—半精镗—半精磨—精磨；

④ 钻(扩)孔—拉孔。

(2) 综合考虑各种因素的影响，确定最终加工方案。

考虑工件尺寸较大且为铸铁材料，不宜用磨削和拉削，故方案③、④不予采纳；又因要加工的孔径较大，扩孔钻及铰刀的制造比较困难，另外加工时大的扩孔钻及铰刀的自重对加工精度有影响，故方案①也不宜采用。最后，选择方案②作为该零件孔的加工方案。

二、加工顺序的安排

在拟定加工工艺路线时，要合理、全面安排好切削加工、热处理和辅助工序顺序。

1. 机械加工顺序的安排

安排机械加工顺序时，应考虑以下几个原则：

(1) 基面先行。选为精基准的表面，应先进行加工，以便为后续工序提供可靠的精基准。例如轴类零件的加工中采用中心孔作为统一基准，因此每个加工阶段开始总是打中心孔，以作为精基准，并使之具有足够的精度和表面粗糙度要求(常常高于原来图纸上的要求)。如果精基准面不止一个，则应按照基面转换的次序和逐步提高精度的原则安排加工。例如精密轴套类零件，其外圆和内孔就要互为基准，反复进行加工。

(2) 先粗后精。当零件需要分阶段进行加工时，先安排各表面的粗加工，中间安排半精加工，最后安排主要表面的精加工和光整加工，以便逐步提高加工精度和降低表面粗糙度。由于次要表面的精度要求不高，一般经粗、半精加工即可完成；对于那些与主要表面相对位置关系密切的表面，通常置于主要表面精加工之后进行加工。

(3) 先主后次。零件上的装配基面和主要工作表面等先安排加工，后加工次要表面(如自由表面、键槽、螺孔等)。而键槽、紧固用的光孔和螺孔等，由于加工面小，又和主要表面有相互位置要求，一般应安排在主要表面达到一定精度之后(如半精加工之后)进行加工，但应在最后精加工之前进行加工。

(4) 先面后孔。对于箱体、支架、连杆及模具的模座等零件，一般应先加工平面后加工孔。这是因为平面所占轮廓尺寸较大，用平面加工孔，定位比较稳定可靠。此外，在加工过的平面上加工孔很方便，还能提高孔的加工精度，钻孔时孔的轴线也不容易发生偏斜。因此，其工艺过程总是选择平面作为定位精基面，先加工平面再加工孔。

2．热处理工序的安排

为提高材料的力学性能，改善金属加工性能以及消除残余应力，在工艺过程中都应适当安排一些热处理工序。常用的热处理有退火、正火、调质、时效、淬火、回火、渗碳和氮化等。根据热处理的不同目的可分为以下三类热处理。

1) 预备热处理

预备热处理的目的是改善工件的加工性能，消除内应力，改善金相组织，为最终热处理做好准备。如退火、正火、时效和调质等。预备热处理一般安排在粗加工前，但调质常安排在粗加工后进行。

(1) 退火与正火。退火和正火处理一般用于热加工毛坯。其目的是为了消除材料组织的不均匀，细化晶粒，改善金属的可切削性。生产中，对于碳的质量分数高的非合金钢和合金钢常采用退火处理以降低硬度；对于碳的质量分数低的非合金钢和低合金钢，为避免硬度过低切削时粘刀，常采用正火处理以提高硬度。退火和正火还能消除毛坯制造中产生的应力。退火与正火处理一般安排在机械加工之前进行。

(2) 时效处理。时效处理主要用于消除毛坯制造和机械加工中产生的应力。对一般铸件，常在粗加工前或粗加工后安排一次时效处理；对于精度要求较高的零件，应在半精加工后再安排一次时效处理。即铸造—粗加工—第一次时效处理—半精加工—第二次时效处理—精加工。

(3) 调质。对零件进行调质处理的目的是获得均匀细致的素氏体组织，为以后的表面淬火和渗氮处理时减少变形做好组织准备，因此调质可作为预备热处理工序。由于调质后零件的综合力学性能较好，对于某些硬度和耐磨性要求不高的零件也可作为最终热处理工序。

调质处理一般安排在粗加工之后半精加工之前进行。这是因为受钢的淬透性影响，大截面零件在调质后只是在表层下一定深度内获得了理想的细致索氏体组织，而其心部组织变化不大。

如果毛坯先调质再进行粗加工，那么加工中将会把大量的调质组织切除掉，使调质处理的效果受到影响。当然，对淬透性好、截面积小或切削余量小的毛坯，为了方便生产也可把调质安排在粗加工之前进行。

2) 消除残余应力热处理

消除残余应力热处理的目的是消除毛坯制造和切削加工过程中产生的残余应力，如时效和退火。对于精密零件(如精密丝杠、主轴等)，除了在毛坯制造时要安排时效或退火外，在粗加工、半精加工和精加工之间，还要安排多次(每加工一次安排一次)时效处理，消除应力，减少变形，以保证加工质量。

3) 最终热处理

最终热处理的目的是提高零件的力学性能，如强度、硬度、耐磨性。如调质、各种淬火、回火、渗碳淬火、渗氮处理等。最终热处理一般安排在精加工前，变形较大的渗碳淬火应安排在精加工磨削前进行，变形较小的如氮化等应安排在精加工后进行。

(1) 淬火。淬火分整体淬火和表面淬火两种。其中，表面淬火因变形小、氧化及脱碳小，而且还具有外部硬度高、耐磨性好、内部保持良好的韧性、抗冲击力强的优点，故应用较多。淬火处理的特点是零件材料在获得较高硬度的同时，脆性增强，应力增加，组织和尺寸不稳定，易发生变形甚至裂纹，故淬火后一般需安排回火工序。淬火工序一般安排在精加工工序之前进行。

(2) 渗碳淬火。渗碳淬火适用于低碳非合金钢和低碳合金钢。其基本思想是先使零件表层含碳量增加，经淬火后使表层获得高的硬度和耐磨性，而心部仍然保持一定的强度和较高的韧性及塑性。渗碳处理分局部渗碳和整体渗碳两种。局部渗碳时，对不渗碳部分要采取防渗措施(镀铜或涂防渗材料)。由于渗碳淬火变形较大，且渗碳层深度较薄，一般在 0.5～2 mm 之间，因此渗碳工序一般安排在半精加工与精加工之间。其工艺路线一般为：下料—锻造—正火—粗加工—半精加工—渗碳淬火—精加工。当局部渗碳零件的不渗碳部分采用加大加工余量(渗后切除)防渗时，切除工序应安排在渗碳后淬火前。

(3) 渗氮处理。渗氮是使氮原子渗入金属表面而获得一层含氮化合物的处理方法。渗氮层可以提高零件表面的硬度、耐磨性、疲劳强度和抗蚀性。由于渗氮处理温度较低，变形小，且渗氮层较薄(一般不超过 0.6～0.7 mm)，因此渗氮工序应尽量靠后安排。为了减少渗氮时的变形，在切削加工后一般需要进行消除应力的高温回火。

表面装饰性镀层和发蓝处理，一般都安排在机械加工完毕后进行。

4) 热处理方法在图纸上的标注

在图纸上，零件热处理标注包括热处理符号和要求达到的硬度平均值。对于化学热处理还要标出零件成分改变层的深度。

例如：

Th 185

185 —— 要求硬度平均值

Th —— 热处理符号

又如：

S 0.9 C 59

59 —— 要求硬度平均值

C —— 热处理符号

0.9 —— 化学处理深度

S —— 热处理符号

各种热处理方法的代号、标注举例以及它们所表示的意义见表3-12。

表3-12 各种热处理方法的代号标注举例及它们所表示的意义

热处理名称	符号	标注举例	表示意义
退火	Th	Th185	材料退火后的硬度范围是布氏硬度HB170～200
正火	Z	Z195	材料正火后的硬度范围是布氏硬度HB180～210
调质	T	T235	材料调质后的硬度范围是布氏硬度HB220～250
淬火	C	C48	材料在水中淬火后回火的硬度范围是洛氏硬度HRC45～50
油冷淬火	Y	Y35	材料在油中淬火后回火的硬度范围是洛氏硬度HRC30～40
高频淬火	G	G52	材料高频淬火后回火的硬度范围是洛氏硬度HRC50～55
火焰淬火	H	H54	材料用火焰加热淬火后回火的硬度范围是洛氏硬度HRC52～58
调质—高频淬火	T—G	T—G54	材料调质后高频淬火后回火的硬度范围是洛氏硬度HRC52～58
渗碳淬火	S—C	S0.5—C59	材料表面渗碳层深度0.5 mm，淬火后回火的硬度范围是洛氏硬度HRC56～62
渗碳高频淬火	S—G	S0.8—G59	材料表面渗碳层深度0.8 mm，淬火后回火的硬度范围是洛氏硬度HRC56～62
氮化	D	D0.3—900	材料表面氮化层深度0.3 mm，硬度大于维氏硬度HV850
氰化	Q	Q59	材料氰化淬火后回火的硬度范围是洛氏硬度HRC56～62
回火	Hh	一般不标注	
人工时效	RS	人工时效	
发蓝	—	发蓝	

3. 辅助工序的安排

辅助工序包括工件的检验、去毛刺、倒棱、清洗、防锈、退磁和平衡等。若辅助工序安排不当或遗漏，将会给后续工序造成困难，甚至影响产品的质量，所以对辅助工序的安排必须给予足够的重视。

(1) 检验。检验是主要的辅助工序，它对保证零件质量有着极为重要的作用。除了工序中的自检外，还需在下列场合单独安排检验工序：

① 粗加工全部结束后、精加工之前。

② 零件从一个车间转向另一个车间前后。

③ 重要工序加工前后。

④ 有些特殊的检验如探伤等检查工件内部质量，一般安排在精加工阶段；密封性检验、工件的平衡和重量检验，一般安排在工艺过程最后进行。

⑤ 全部加工工序完成、去毛刺之后，进入装配和成品库之前。

(2) 清洗上油。零件在研磨、珩磨等光整加工之后，砂粒易附着在工件表面上，在最终检验工序前应将其清洗干净。在气候潮湿的地区，为防止工件氧化生锈，在工序间和零件入库前，也应安排清洗上油工序。

(3) 去毛刺。去毛刺是不可缺少的辅助工序。对于切削加工后在零件上留下的毛刺，由于会对装配质量甚至机器的性能产生影响，故应当去除。去毛刺常安排在下列场合：

① 淬火工序之前。

② 全部加工工序结束之后。

(4) 平衡、去磁等。某些零件在加工过程中还应根据图纸要求安排动、静平衡，以及去磁等其他工序。

4．工序的划分与衔接

1) 工序的划分

根据工序数目(或工序内容)多少，工序的划分有工序集中和工序分散两种。

工序集中就是将工件的加工集中在少数几道工序内完成，每道工序的加工内容较多。工序集中有利于采用数控机床、高效专用设备及工装；用数控机床加工(典型的例子是用加工中心加工)，一次装夹可加工较多表面，易于保证各表面间的相互位置精度；工件装夹次数少，还可减少工序间的运输量、机床数量、操作工人数和生产面积。但数控机床、专用设备及工装投资大，调整和维修复杂，因而对于精度要求不高的工件，还是应在普通机床上进行工序集中。

工序分散多用于流水线作业和自动线生产。它是将工艺路线中的工步内容分散在较多的工序中去完成，因而每道工序的工步少，工艺路线长。

2) 工序间的衔接

由于数控加工工序一般都是穿插在普通加工工序之间进行的，因此在安排数控机床加工工序时，首先要弄清数控加工工序与普通加工工序各自的技术要求、加工目的、加工特点，注意解决好数控加工工序与其他工序衔接的问题。例如，数控加工前一道普通加工工序给数控加工留余量时，一是不能太大，二是要求均匀。数控加工后若有热处理或磨削工序时，应给后续工序留有足够的余量。

3.6 工序设计

工序设计的主要任务是确定每道工序的加工余量、工序尺寸及公差，选择定位夹紧方案，确定刀具的进给路线，选择工艺装备，确定切削用量和工时定额等。

一、确定加工余量

1．加工余量的概念

1) 加工总余量与工序余量

毛坯尺寸与零件设计尺寸之差称为加工总余量。加工总余量的大小取决于加工过程中各个工序切除金属层厚度的总和。每一工序所切除的金属层厚度(即相邻两工序的工序尺寸之差)，称为工序余量。加工总余量和工序余量的关系可用下式表示：

$$Z_{总} = Z_1 + Z_2 + \cdots + Z_n = \sum_{i=1}^{n} Z_i$$

式中：$Z_{总}$——加工总余量；

Z_i——工序余量；

n——机械加工的工序数目。

对于回转表面(外圆和内孔等)，加工余量是直径上的余量。因其在直径上是对称分布的，故称为对称余量。而在加工中，实际切除的金属层厚度是加工余量的一半，所以又有双面余量(加工前后直径之差)和单面余量(加工前后半径之差)之分。

对于平面，加工余量只在一面单向分布，故只有单面余量(即实际切除的材料层厚度)。

无论是双面余量还是单面余量，都有一个外表面(被包容面)和内表面(包容面)的问题。

对于回转表面：

轴　　$2Z_b = d_a - d_b$

孔　　$2Z_b = d_b - d_a$

式中：Z_b——单边加工余量；

d_a——前工序的加工表面直径；

d_b——本工序的加工表面直径。

对于平面：

外表面　　$Z_b = a - b$

内表面　　$Z_b = b - a$

式中：Z_b——本工序加工余量；

a——前工序的工序尺寸；

b——本工序的工序尺寸。

无论是双面余量、单面余量，还是外表面、内表面，都涉及到工序尺寸的问题。工序尺寸即每道工序完成后应保证的尺寸。

由于加工中不可避免地存在误差，所以工序尺寸也有公差，这种公差称为工序公差。其公差大小等于本道工序尺寸与上道工序尺寸公差之和。因此，工序余量有公称余量(简称余量 Z_b)、最大余量和最小余量之分，如图 3-4 所示。从图中可知，被包容件的余量 Z_b 包含上道工序的尺寸公差，余量公差可表示为：

$$T_z = Z_{max} - Z_{min} = T_b + T_a$$

式中：T_z——工序余量公差；

Z_{max}——工序最大余量；

Z_{min}——工序最小余量；

T_b——加工面在本道工序的尺寸公差；

T_a——加工面在上道工序的尺寸公差。

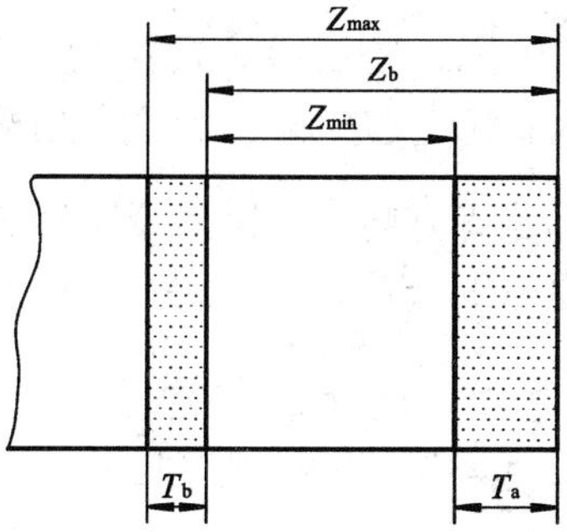

图 3-4　被包容件的加工余量和公差

工序尺寸的公差一般都按“入体原则”标注。即被包容尺寸(轴的外径，实体的长、宽、高等)的最大加工尺寸就是基本尺寸，上偏差为零，而包容尺寸(孔、槽宽等)的最小加工尺寸就是基本尺寸，下偏差为零。毛坯的尺寸公差则按双向对称偏差的形式标注。

2) 影响工序余量的因素

加工余量的大小对于工件的加工质量和生产率均有较大的影响。加工余量过大，会增加机械加工的劳动量和各种消耗，提高加工成本。加工余量过小，又不能消除上道工序的各种缺陷、误差和本道工序的装夹误差，造成废品。因此，应当合理地确定加工余量。那么影响工序余量的因素有哪些呢？影响工序余量的因素比较复杂，除毛坯的制造状态会影响第一道工序余量外，其他工序加工后的状态也会对其下道工序余量有影响。

(1) 上道工序的尺寸公差 T_a 的影响。因为本道工序应切除上道工序尺寸公差中包含的各种误差，所以上道工序的尺寸公差愈大，则本道工序的公称余量也就愈大。

(2) 上道工序产生的表面粗糙度 R_y(表面轮廓最大高度)和表面缺陷层深度 H_a 的影响。本道工序加工时应切除掉上道工序的 R_y 和 H_a。

(3) 上道工序加工后未得到完全纠正的空间误差 e_a(有可能是上道工序加工方法带来的或热处理后产生的，也可能是毛坯带来的)的影响。

(4) 本道工序的装夹误差ε_b的影响。本道工序的装夹误差包括定位误差和夹紧误差。这也会直接影响被加工表面与刀具的相对位置，所以加工余量中应包括这项误差。

(5) 其他因素的影响。如热处理变形的影响。在实际生产中，因热处理引起的工件变形过大而余量不足造成工件报废的事例时有发生。例如带键槽的轴，其变形倾向是向冷却速度快的一侧凸出，角铁的变形倾向是角度增大，如图 3-5 所示。

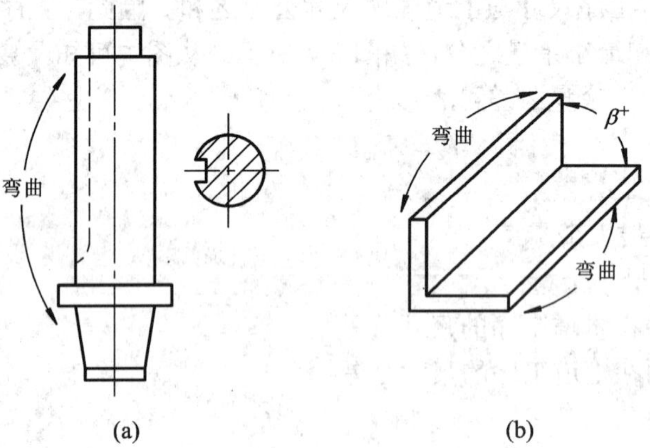

图 3-5　零件热处理的变形倾向

(a) 带键槽的轴变形倾向；(b) 角铁的变形倾向

由于空间误差和装夹误差都是有方向的，因此要采用矢量相加的方法进行余量计算。

综合上述各影响因素，可得如下余量计算公式：

① 对于单边余量：

$$Z_{min} = T_a + R_y + H_a + |\vec{e}_a + \vec{\varepsilon}_b|$$

② 对于双边余量：

$$Z_{min} = \frac{T_a}{2} + R_y + H_a + |\vec{e}_a + \vec{\varepsilon}_b|$$

2．加工余量的确定

确定加工余量的方法有计算法、查表法和经验法三种。

1) 计算法

计算法确定加工余量比较准确。但必须弄清影响余量的因素，并具备一定的测量手段，掌握必要的统计分析资料，才能比较准确地计算加工余量。

2) 查表法

查表法主要根据工厂的生产实践和实验研究积累的经验，并结合实际加工情况对数据加以修正，确定加工余量。这种方法方便、迅速，在生产上应用比较广泛。

表 3-13～表 3-15 为轴类零件的几种加工余量表。表格最右边带符号的数字是表中查出来余量的公差。现以表 3-14 为例说明其用法。有一根轴，其直径为 50 mm，长 200 mm，采用中心磨，磨前不淬火。以表 3-14 查得余量为 0.3 mm，从最右边查出公差为 – 0.16 mm，那么这根轴在车削后的尺寸应该是：

最大　　50 + 0.3 = 50.3 mm

最小　　50 + 0.3 – 0.16 = 50.14 mm

表 3-13　轴在粗车后精车外圆的加工余量　　mm

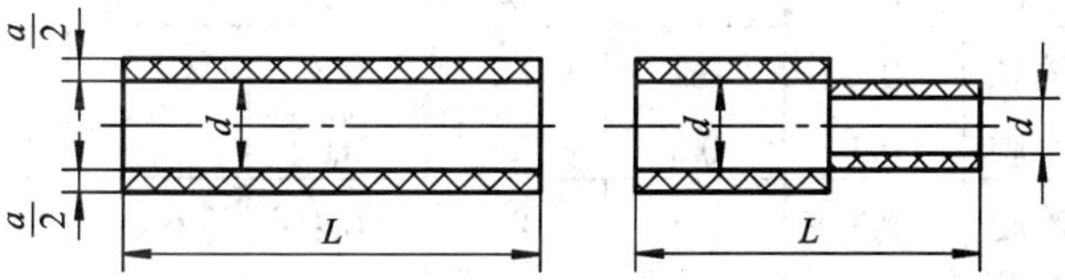

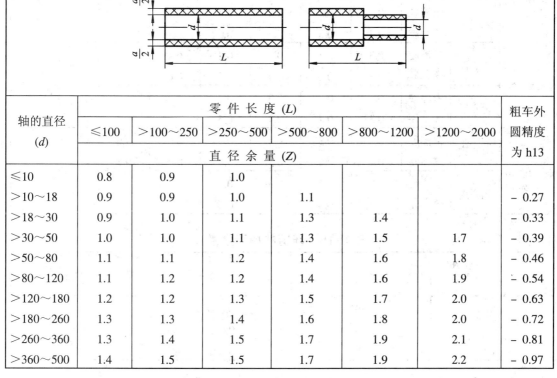

轴的直径 (*d*)	零件长度 (*L*)						粗车外圆精度为 h13
	≤100	>100～250	>250～500	>500～800	>800～1200	>1200～2000	
	直径余量 (*Z*)						
≤10	0.8	0.9	1.0				
>10～18	0.9	0.9	1.0	1.1			– 0.27
>18～30	0.9	1.0	1.1	1.3	1.4		– 0.33
>30～50	1.0	1.0	1.1	1.3	1.5	1.7	– 0.39
>50～80	1.1	1.1	1.2	1.4	1.6	1.8	– 0.46
>80～120	1.1	1.2	1.2	1.4	1.6	1.9	– 0.54
>120～180	1.2	1.2	1.3	1.5	1.7	2.0	– 0.63
>180～260	1.3	1.3	1.4	1.6	1.8	2.0	– 0.72
>260～360	1.3	1.4	1.5	1.7	1.9	2.1	– 0.81
>360～500	1.4	1.5	1.5	1.7	1.9	2.2	– 0.97

注：在单件和小批生产时，本表数值应乘上 1.3，并化成一位小数，如 1.1×1.3 = 1.43，采用 1.4 (四舍五入)，这时粗车外圆精度为 IT15。

表 3-14　轴在半精车后磨削的加工余量　　mm

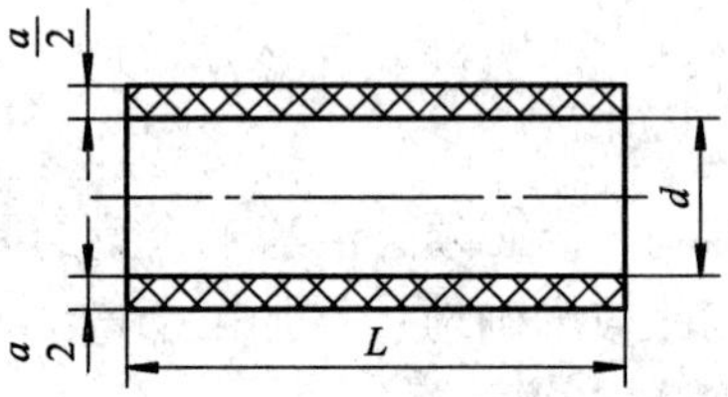

轴的直径 (*d*)	磨削性质	轴的性质	零件长度 (*L*)						磨前加工精度为 h11，其公差为
			≤100	＞100～250	＞250～500	＞500～800	＞800～1200	＞1200～2000	
			直径余量 (*Z*)						
≤10	中心磨	未淬硬	0.2	0.2	0.3				−0.09
		淬　硬	0.3	0.3	0.4				
	无心磨	未淬硬	0.2	0.2	0.2				
		淬　硬	0.3	0.3	0.4				
＞10～18	中心磨	未淬硬	0.2	0.3	0.3	0.3			−0.11
		淬　硬	0.3	0.3	0.4	0.5			
	无心磨	未淬硬	0.2	0.2	0.2	0.3			
		淬　硬	0.3	0.3	0.4	0.5			
＞18～30	中心磨	未淬硬	0.3	0.3	0.3	0.4	0.4		−0.13
		淬　硬	0.3	0.4	0.4	0.5	0.6		
	无心磨	未淬硬	0.3	0.3	0.3	0.3			
		淬　硬	0.3	0.4	0.4	0.5			
＞30～50	中心磨	未淬硬	0.3	0.3	0.4	0.5	0.6	0.6	−0.16
		淬　硬	0.4	0.4	0.5	0.6	0.7	0.7	
	无心磨	未淬硬	0.3	0.3	0.3	0.4			
		淬　硬	0.4	0.4	0.5	0.5			

表 3-15　研磨的加工余量　　mm

精加工以后的直径		直径余量	前一工序的加工公差
大于	到		
	50	0.010	0.005
50	80	0.015	0.005
80	120	0.020	0.005

表 3-16 和表 3-17 分别为已预先铸出或热冲出孔的工序间加工余量和铰孔的加工余量，也可供参考。

表 3-16　已预先铸出或热冲出孔的工序间加工余量　　mm

加工孔的直径	直径					加工孔的直径	直径				
	粗镗		半精镗	粗铰或二次半精镗	精铰或精镗成H7、H8		粗镗		半精镗	粗铰或二次半精镗	精铰或精镗成H7、H8
	第一次	第二次					第一次	第二次			
30	—	28.0	29.8	29.93	30	100	95	98.0	99.3	99.85	100
32	—	30.0	31.7	31.93	32	105	100	103.0	104.3	104.8	105
35	—	33.0	34.7	34.93	35	110	105	108.0	109.3	109.8	110
38	—	36.0	37.7	37.93	38	115	110	113.0	114.3	114.8	115
40	—	38.0	39.7	39.93	40	120	115	118.0	119.3	119.8	120
42	—	40.0	41.7	41.93	42	125	120	123.0	124.3	124.8	125
45	—	43.0	44.7	44.93	45	130	125	128.0	129.3	129.8	130
48	—	46.0	47.7	47.93	48	135	130	133.0	134.3	134.8	135
50	45	48.0	49.7	49.93	50	140	135	138.0	139.3	139.8	140
52	47	50.0	51.5	51.93	52	145	140	143.0	144.3	144.8	145
55	51	53.0	54.5	54.92	55	150	145	148.0	149.3	149.8	150
58	54	56.0	57.5	57.92	58	155	150	153.0	154.3	154.8	155
60	56	58.0	59.5	59.92	60	160	155	158.0	159.3	159.8	160
62	58	60.0	61.5	61.92	62	165	160	163.0	164.3	164.8	165
65	61	63.0	64.5	64.92	65	170	165	168.0	169.3	169.8	170
68	64	66.0	67.5	67.90	68	175	170	173.0	174.3	174.8	175
70	66	68.0	69.5	69.90	70	180	175	178.0	179.3	179.8	180
72	68	70.0	71.5	71.90	72	185	180	183.0	184.3	184.8	185
75	71	73.0	74.5	74.90	75	190	185	188.0	189.3	189.8	190
78	74	76.0	77.5	77.90	78	195	190	193.0	194.3	194.8	195
80	75	78.0	79.5	79.90	80	200	194	197.0	199.3	199.8	200
82	77	80.0	81.3	81.85	82	210	204	207.0	209.3	209.8	210
85	80	83.0	84.3	84.85	85	220	214	217.0	219.3	219.8	220
88	83	86.0	87.3	87.85	88	250	244	247.0	249.3	249.8	250
90	85	88.0	89.3	89.85	90	280	274	277.0	279.3	279.8	280
92	87	90.0	91.3	91.85	92	300	294	297.0	299.3	299.8	300
95	90	93.0	94.3	94.85	95	320	314	317.0	319.3	319.8	320
98	93	96.0	97.3	97.85	98	350	342	347.0	349.3	349.8	350

表 3-17　铰孔的加工余量　　mm

孔的公称直径	＜5	5～20	21～32	33～50	51～70
直径上的加工余量	0.1～0.2	0.2～0.3	0.3	0.5	0.8

表 3-18～表 3-22 分别介绍了常用热处理的加工余量，可供选择参考。

3) 经验法

经验法是指由一些有经验的工程技术人员或工人，根据经验确定加工余量的大小。由于主观上怕出废品，因此由经验法确定的加工余量往往偏大。但这种方法在单件小批生产中被广泛采用。

表 3-18　调质件的加工余量　　mm

直　径	长　度			
	＜500	500～1000	1000～1800	＞1800
10～20	2.0～2.5	2.5～3.0	—	—
22～45	2.5～3.0	3.0～3.5	3.5～4.0	—
48～70	2.5～3.0	3.0～3.5	4.0～4.5	5.0～6.0
75～100	3.0～3.5	3.0～3.5	5.0～5.5	6.0～7.0

表 3-19　不渗碳局部加工余量　　mm

设计要求渗碳深度	不渗碳表面单边余量	设计要求渗碳深度	不渗碳表面单边余量
0.2～0.4	1.1＋淬火时留余量	1.1～1.5	2.2＋淬火时留余量
0.4～0.7	1.4＋淬火时留余量	1.5～2.0	2.7＋淬火时留余量
0.7～1.1	1.8＋淬火时留余量		

表 3-20　渗碳零件磨削余量　　mm

公称渗碳深度	0.3	0.5	0.9	1.3	1.7
放磨量	0.15～0.2	0.2～0.25	0.25～0.3	0.35～0.40	0.45～0.50
实际工艺渗碳深度	0.4～0.6	0.7～1.0	1.0～1.4	1.5～1.9	2.0～2.5

表 3-21　轴、套、环类零件内孔处理后的磨削余量　　mm

孔径公称尺寸	＜10	11～18	19～30	31～50	51～80
一般孔余量	0.20～0.30	0.25～0.35	0.30～0.45	0.35～0.50	0.40～0.60
复杂孔余量	0.25～0.40	0.35～0.45	0.40～0.50	0.50～0.65	0.60～0.80
孔径公称尺寸	81～120	121～180	181～260	261～360	361～500
一般孔余量	0.50～0.75	0.60～0.90	0.65～1.00	0.80～1.15	0.85～1.30
复杂孔余量	0.70～1.00	0.80～1.20	0.90～1.35	1.05～1.50	1.15～1.75

注：① 碳素钢工件一般均用水淬或水—油淬，孔变形大，应选用上限，薄壁零件[(外径/内径)＜2 者]应取上限；

② 合金钢薄壁零件[(外径/内径)＜1.25 者]应取上限；

③ 合金钢零件渗碳后采用二次淬火的，应取上限；

④ 同一工件有大小不同的孔，应以大孔计算；

⑤ 一般孔指零件形状简单、对称的光滑圆孔或花键孔；复杂孔指零件形状复杂、不对称、孔形不规则的孔；

⑥ (外径/内径)＜1.5 的高频淬火件，内孔留余量应减少 40%～50%，外圆加大 30%～40%；

⑦ 特殊零件应和有关方面另行协商解决。

表 3-22　轴、杆零件外圆热处理后的磨削余量　mm

直径或厚度	长　度										
	≤50	50～100	101～200	201～300	301～450	451～600	601～800	801～1000	1001～1300	1301～1600	1601～2000
≤5	0.35～0.45	0.45～0.55	0.55～0.65								
6～10	0.30～0.40	0.40～0.50	0.50～0.60	0.55～0.65							
11～20	0.25～0.35	0.35～0.45	0.45～0.55	0.50～0.60	0.55～0.65						
21～30	0.30～0.40	0.30～0.40	0.35～0.45	0.40～0.50	0.45～0.55	0.50～0.60	0.55～0.65				
31～50	0.35～0.45	0.35～0.45	0.35～0.45	0.35～0.45	0.40～0.50	0.40～0.50	0.50～0.60	0.60～0.70			
51～80	0.40～0.50	0.40～0.50	0.40～0.50	0.40～0.50	0.40～0.50	0.40～0.50	0.50～0.60	0.55～0.65	0.60～0.70	0.70～0.80	0.85～1.00
81～120	0.50～0.60	0.50～0.60	0.50～0.60	0.50～0.60	0.50～0.60	0.50～0.60	0.60～0.70	0.65～0.75	0.65～0.80	0.75～0.90	0.85～1.00
121～180	0.60～0.70	0.60～0.70	0.60～0.70	0.60～0.70	0.60～0.70						
181～260	0.70～0.90	0.70～0.90	0.70～0.90	0.70～0.90							

注：① 粗磨后需人工时效的零件应较此表增加 50%；

② 此表为断面均匀、全部淬火的零件的余量，特殊零件应和有关方面另行协商解决；

③ 全长 1/3 局部淬火的可取下限，淬火长度大于 1/3 的按全长处理；

④ ϕ80 mm 以上短实心轴可取下限；

⑤ 高频淬火件可取下限。

二、工序尺寸与公差的确定

工序尺寸及其公差的确定，则要根据工序基准或定位基准与设计基准是否重合，采取不同的计算方法。

1．基准重合时，工序尺寸及其公差的计算

生产上绝大部分加工面都是在基准重合(工艺基准和设计基准重合)的情况下进行加工的，其工序尺寸及其公差的确定比较简单。具体方法如下：

(1) 拟出工艺路线。

(2) 确定各加工工序的加工余量。

(3) 从最后一道工序开始(即从设计尺寸开始)向前推算出各道工序尺寸，直到毛坯尺寸。

(4) 除最后一道工序外，其他各加工工序按各自所采用加工方法的加工经济精度确定工序尺寸公差(终加工工序的公差按设计要求确定)。

(5) 填写工序尺寸，并按“入体原则”标注工序尺寸公差。

例如，某轴的直径为 50 mm，其尺寸精度要求为 IT5，表面粗糙度要求为 $R_a = 0.04$ μm，并要求高频淬火，毛坯为锻件。

① 其工艺路线为：粗车—半精车—高频淬火—粗磨—精磨—研磨。

② 确定各加工工序的加工余量。由工艺手册查得：研磨余量为 0.01 mm，精磨余量为 0.1 mm，粗磨余量为 0.3 mm，半精车余量为 1.1 mm，粗车余量为 4.5 mm。由公式可得加工总余量为 6.01 mm，取加工总余量为 6 mm，把粗车余量修正为 4.49 mm。

③ 各加工工序的基本尺寸。研磨后的工序基本尺寸(即设计尺寸)为 50 mm，其他各工序的基本尺寸依次为：

精磨　50 mm + 0.01 mm = 50.01 mm

粗磨　50.01 mm + 0.1 mm = 50.11 mm

半精车　50.11 mm + 0.3 mm = 50.41 mm

粗车　50.41 mm + 1.1 mm = 51.51 mm

毛坯　51.51 mm + 4.49 mm = 56 mm

④ 确定各工序的加工经济精度和表面粗糙度。由机械加工工艺手册查得：

研磨后为 IT5，$R_a = 0.04$ μm(零件的设计要求)；

精磨后选定为 IT6，$R_a = 0.16$ μm；粗磨后选定为 IT8，$R_a = 1.25$ μm；

半精车后选定为 IT11，$R_a = 2.5$ μm；

粗车后选定为 IT13，$R_a = 16$ μm。

根据上述经济加工精度查公差表。

⑤ 将查得的公差数值按“入体原则”标注在工序的基本尺寸上。查工艺手册可得锻造毛坯的公差为 ± 2 mm。

2．基准不重合时，工序尺寸及其公差的计算

工序尺寸或定位基准与设计基准不重合时，工序尺寸及其公差的计算比较复杂，需用工艺尺寸链来分析计算。详见 3.7 节。

三、工件的定位及基准的选择

在进行机械加工时，必须将工件固定在机床上一个正确的位置，即装夹好；否则，将直接影响到零件的加工精度、生产效率和成本。加工前将工件安放在相对于刀具的一个正确位置，称为定位。为使工件在加工过程中保持其正确位置而将其压紧夹牢，称为夹紧。从定位到夹紧的整个过程，称为装夹。

1．工件的装夹方式

在不同的机床上加工零件时，有不同的装夹方法。装夹方法一般可以归纳为直接找正法、划线找正法和夹具法三种。

1) 直接找正法

直接找正法具体是将工件直接装在机床上后，用百分表或划针盘上的划针，以目测法校正工件的正确位置，一边校验一边找正，直至符合要求。

直接找正法的定位精度和找正的快慢，取决于找正精度、找正方法、找正工具和工人的技术水平。其缺点是花费时间多，效率低，且要凭经验操作，对工人的技术水平要求高，故仅用于单件、小批量生产中。此外，若对工件的定位精度要求较高，例如误差小于 0.05 mm 或采用夹具难以达到要求(因夹具本身有制造误差)时，就不得不使用精密量具，并由有较高技术水平的工人用直接找正法来定位，以达到精度要求。

2) 划线找正法

划线找正法是在机床上用划针按毛坯或半成品上所划的线来找正工件，使其获得正确位置的一种方法。显然，此法多一道划线工序。划出的线除本身有一定宽度外，在划线时还有划线误差，校正工件位置时还有观察误差，因此此法多用于生产批量较小，毛坯精度较低，以及大型工件等不宜使用夹具的粗加工中。

3) 夹具法

夹具是机床的一种附加装置，在机床未安装工件前就可预先调整好它在机床上相对刀具的一个位置，所以利用夹具法加工一批工件时不必再逐个找正定位，就能保证加工的技术要求。这种方法省工又省时，是高效的定位方法，在成批和大量生产中广泛应用。

2. 定位基准的选择

1) 基准的概念

零件上用以确定其他点、线、面的位置所依据的点、线、面称为基准。基准按其作用不同，可分为设计基准和工艺基准两大类。

在零件图上用以确定其他点、线、面的基准，称为设计基准。零件在加工和装配过程中所使用的基准，称为工艺基准。工艺基准按用途不同，又分为工序基准、定位基准、测量基准和装配基准。

图 3-6 所示是各种基准相互关系的实例。

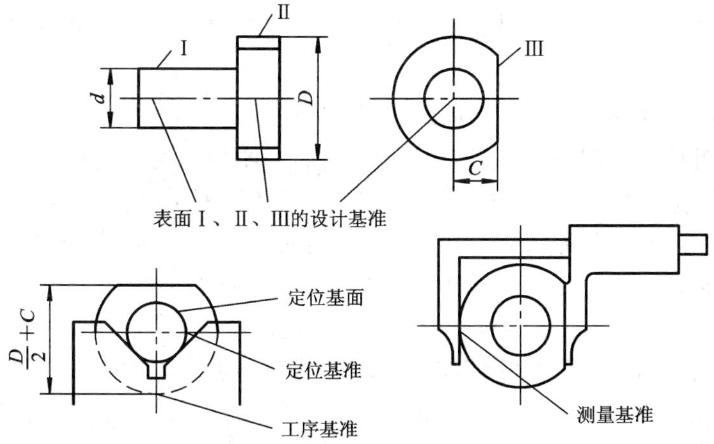

图 3-6　基准示例

2) 定位基准的选择

(1) 粗基准的选择。粗基准选择得好坏，对以后各加工表面加工余量的分配，以及工件上加工表面和非加工表面间的相对位置均有很大的影响。因此，必须重视粗基准的选择。选择粗基准时要为后续工序提供可靠的定位基面。具体选择时应考虑下列原则：

① 具有非加工表面的工件，为保证非加工表面与加工表面之间的相对位置要求，一般应选择非加工表面为粗基准。若工件有几个非加工表面，则应选择与加工表面位置精度要求较高的非加工表面为粗基准，以达到装配后不发生干涉、零件的壁厚均匀、外形对称等要求。

② 在选择粗基准时，应保证各加工表面都有足够的加工余量。为保证此项要求，粗基准应选择毛坯上加工余量最小的表面。

③ 对于某些重要的表面(如滑道和重要的内孔等)，应尽可能使其加工余量均匀，加工余量要求尽可能小些，以便获得硬度和耐磨性更好且均匀的表面。因此应选择这些重要的表面为粗基准。

④ 为使工件定位可靠，夹紧方便，应选择表面平整，没有飞边、冒口、浇口或其他缺陷的表面为粗基准。

⑤ 一般情况下，同一尺寸方向上的粗基准表面只能使用一次，否则因重复使用所产生的定位误差会引起相应加工表面间出现较大的位置误差。

(2) 精基准的选择。精基准的选择不仅影响工件的加工质量，而且与装夹工件是否方便、可靠也有很大关系。

选择精基准的原则如下：

① 应尽可能选用加工表面的设计基准作为精基准，避免基准不重合造成的定位误差。这一原则就是“基准重合”原则。

应用基准重合原则时，要具体情况具体分析。定位过程中产生的基准不重合误差，是在用夹具装夹、调整法加工一批工件时产生的。若用试切法加工，设计要求的尺寸一般可直接测量，不存在基准不重合误差问题。在带有自动测量功能的数控机床上加工时，可在工艺中安排坐标系测量检查工步，即每个零件加工前由 CNC 系统自动控制测量头检测设计基准并自动计算、修正坐标值，消除基准不重合误差。因此，此类情况不必遵循基准重合原则。

② 当工件以某一精基准定位，可以较方便地加工其他各表面时，那么就应在尽可能多的工序中采用这组精基准定位，这就是“基准统一”原则。这样既可保证各加工表面间的相互位置精度，避免或减少因基准转换而引起的误差，而且简化了夹具的设计与制造工作，降低了成本，缩短了生产准备周期。例如轴类零件加工，采用两端中心孔作统一定位基准，加工各阶梯外圆表面，可保证各阶梯外圆表面的同轴度误差。

需要说明的是，“基准统一”和“基准重合”是两个不同的概念。“基准重合”是针对一个工序的某一加工而言，可避免该加工要求的基准不重合误差；而“基准统一”是对几个工序或整个工艺过程而言，采用“基准统一”原则时不一定没有基准不重合误差。

基准重合和基准统一原则是选择精基准的两个重要原则，但生产实际中有时会遇到两者相互矛盾的情况。此时，若采用统一定位基准能够保证加工表面的尺寸精度，则应遵循基准统一原则；若不能保证尺寸精度，则应遵循基准重合原则，以免使工序尺寸的实际公差值减小，增加加工难度。

③ 有些工序要求余量小而均匀，为保证表面加工的质量并提高生产效率，这时应遵循“自为基准”原则，即选择加工表面本身作为精基准。而该加工表面与其他表面之间的位置精度，则用先行工序保证。如在导轨磨床上磨削导轨时，用百分表找正导轨面相对于机床运动方向的正确位置，然后磨去薄而均匀的一层磨削余量，以满足对床身导轨面的质量要求。采用自为基准原则时，只能提高加工表面本身的尺寸精度和形状精度，而不能提高加工表面的位置精度，加工表面的位置精度应由前道工序保证。如无心磨磨外圆、珩磨、铰孔、圆拉刀拉孔及浮动镗孔等都是“自为基准”的例子。

④ 对于具有较高位置精度要求的各加工表面，可采取两个加工表面互为基准、反复加工的方法来满足位置精度的要求，这就是“互为基准”。

⑤ 定位基准的选择应能保证工件定位准确稳定，装夹方便可靠，夹具的结构简单，操作灵活方便。同时，定位基准应有足够大的接触面积，以承受较大的切削力。

四、进给路线和工步顺序的安排

进给路线是指刀具在加工时的运动轨迹，也称加工路线。通用机床加工时，进给路线由操作者自行决定，工序设计时可以不考虑。但在数控加工中，由于进给路线是由数控系统控制的，因此，在工序设计时必须确定好进给路线，并绘出进给路线图，以便编制数控加工程序。数控加工工序的进给路线和工步顺序安排见第四章。

五、工艺装备的选择

1. 机床的选择

在选择设备时，应注意以下几点：

(1) 机床的主要规格尺寸应与零件的外廓尺寸相适应。即小零件应选小的机床，大零件应选大的机床，做到设备的合理使用。在缺少大的机床时，有时也可采取“蚂蚁啃骨头”的办法“以小干大”。

(2) 机床的精度应与工序要求的加工精度相适应。对于高精度的零件加工，在缺乏精密机床时，可通过设备改造“以粗干精”。

(3) 机床的生产率应与加工零件的生产类型相适应，单件小批量生产选择通用机床，大批量生产选择高生产率的专用机床。

(4) 机床选择还应结合现有设备的类型、规格及精度状况，以及设备负荷、外协条件等实际情况。

2. 刀具的选择

一般优先采用标准刀具。必要时也可采用各种高生产率的专用刀具、复合刀具及其他多刃刀具等。刀具的类型、规格及精度等级应符合加工要求。

3. 夹具的选择

单件小批量生产时应尽量选用通用夹具，例如各种卡盘、台钳和回转台等。为提高生产率，应积极推广使用组合夹具。大批量生产时，应采用高生产率的气、液传动专用夹具。夹具的精度应与加工精度相适应。

4. 量具的选择

单件小批量生产中应采用通用量具，如游标卡尺、百分尺和百分表等。大批量生产中应采用量规和高效专用检具。量具的精度必须与加工精度相适应。

六、切削用量及工时定额的确定

1. 切削用量的选择

正确地选用切削用量，对保证产品质量、提高效率和降低刀具损耗，具有十分重要的作用。因为切削用量主要依据工件材料、加工精度和表面粗糙度的要求，以及刀具的耐用度、工艺系统刚度及机床效率等条件来选用。而在一般工厂中，工件材料、毛坯状况、刀具材料和几何角度及机床刚度等工艺因素变化很大，所以通用机床加工的工艺文件上一般不规定切削用量(特别是单件小批生产)，而由操作者根据实际情况自行确定。但也应遵循切削用量的选用原则。其基本原则是：应首先选择一个尽可能大的背吃刀量 a_p，其次选择一个较大的进给量 f，最后在刀具耐用度和机床功率允许条件下选择一个合理的切削速度 v_c。

大批大量生产时特别是流水线上，必须用查表或计算法合理地确定每一工序的切削用量。

2．工时定额的确定

工时定额是在一定的生产条件下，生产一件产品或完成单个零件一道工序规定需用的时间。它是安排生产计划、进行成本核算的重要依据，也是新建、扩建工厂(车间)确定生产设备的数量、厂房的面积、工人的工种和数量的依据。

1) 工时定额的组成

单件工时定额的组成可由下式表示：

$$t_d = t_j + t_f + t_t$$

式中：t_d——单件时间，生产一个零件一道工序规定需用的时间；

t_j——机动时间(又称基本时间)，仅指直接用于改变生产对象的尺寸、形状、相对位置、表面状态或材料性质等工艺过程所消耗的时间；

t_f——辅助时间，为完成工艺过程所必需的各种辅助动作，如装卸工件、调整机床、换刀、刃磨、试切及测量工件等所消耗的时间；

t_t——其他时间，工人清扫切屑、润滑擦拭设备、摆放工件以及在工作班内为恢复体力的休息和满足生理需要等所消耗的时间。

可见，要提高生产效率降低 t_d，必须降低 t_j、t_f 和 t_t。要降低 t_t，可从加强管理入手；要降低 t_f，可从提高工人技术水平、大搞技术革新入手。但 t_f、t_t 在 t_d 中所占比例很小，t_f 约占 t_d 的 15%～20%，t_t 仅占 t_d 的 5%～10%左右。因此提高生产效率应主要从降低 t_j 入手。

$$t_j = \frac{L}{nf}i = \frac{L}{\frac{1000v}{\pi D}f}i = \frac{\pi DL}{1000vf}i = \frac{\pi DL}{1000vf}\frac{Z}{a_p}$$

式中：t_j——机动时间(min)；

L——刀具行程长度($L = L_{工作行程} + L_{切入行程} + L_{切出行程}$)；

n——机床转速(r/min)；

f——进给量(mm/r)；

D——工件外径或铣刀、钻头直径(mm)；

I——走刀次数；

v——切削速度(m/min)；

Z——加工余量(mm)；

a_p——背吃刀量(mm)。

2) 确定工时定额的方法

合理确定工时定额，以调动工人生产积极性，促进工人不断提高技术水平，进而达到提高生产效率的目的。

常用的确定工时定额的方法如下：

(1) 经验估算法。由工时定额员、工艺人员和工人相结合，在总结以往经验的基础上，参考有关资料估算确定。

(2) 类比法。以同类产品的工时定额为参考依据，进行类比分析后确定。

(3) 试验分析法。通过工艺试验，测定实际操作时间，分析后确定。

第四章　数控加工工序设计

4.1 概　　述

数控加工工艺的实质就是数控加工工序工艺，编制数控加工工艺，实际上就是进行数控加工工序设计。数控加工工序设计的主要任务是进一步把本工序的加工内容、切削用量、工艺装备、定位夹紧方式及刀具运动轨迹确定下来，为编制加工程序做好准备。由于数控加工与普通机床加工很相似，只是机床不是由操作者人为控制，而是接受数控系统的指令，自动完成各种运动实现加工的，因而数控加工工艺与普通机床的加工工艺有许多相同之处，也有许多不同的地方。就其切削加工原理、工艺理论和工艺原则来说，二者都是一样的。但数控机床上加工的零件一般都经过普通机床加工过的，其结构复杂、要求高，所以工艺内容应更加详尽，工艺参数必须明确、具体。

一、数控加工工艺的特点

(1) 数控加工的工艺内容十分明确而具体。进行数控加工时，数控机床是通过接受数控系统的指令而完成各种运动实现加工的。因此，在编制加工程序之前，需要对影响加工过程的各种工艺因素，如切削用量、走刀路线、刀具的几何形状，甚至工步的划分与安排等一一作出定量描述，对每一个问题都要给出确切的答案和选择，而不能像用通用机床加工时，在大多数情况下对许多具体的工艺问题，由操作工人依据自己的实践经验和习惯自行考虑和决定。也就是说，本来由操作工人在加工中灵活掌握并通过适时调整来处理的许多工艺问题，在数控加工时就转变为编程人员必须事先具体设计和明确安排的内容。

(2) 数控加工的工艺工作相当准确而严密。数控加工不能像通用机床加工一样可以根据加工过程中出现的问题由操作者自由地进行调整。比如加工内螺纹时，普通机床的操作者可以随时根据孔中是否挤满了切屑而决定是否需要先退一次刀，待清理完切屑再干，而数控机床并不知道孔中是否挤满了切屑，因而不知何时需要退一次刀，待清除切屑后再进行加工。所以，在数控加工的工艺设计中必须注意加工过程中的每一个细节，做到万无一失。在实际工作中，一个字符、一个小数点或一个逗号的差错都有可能酿成重大机床事故和质量事故。

(3) 数控加工的工序内容相对多而集中。一般来说，在普通机床上加工是根据机床的种类进行单工序加工，而在数控机床上加工往往是在工件的一次装夹中完成工件的钻、扩、铰、铣、镗、攻螺纹等多工序的加工。这种“多序合一”现象也属于“工序集中”的范畴，极端情况下，在一台加工中心上可以完成工件的全部加工内容。

二、数控加工内容的选择

第三章已经简单介绍过适合进行数控加工的内容。在确定零件的数控加工内容时，一定要从提高综合经济效益出发，结合本单位实际，立足于解决难题，充分发挥数控机床的优势。一般可从以下几个方面考虑：

(1) 普通机床无法加工的部分作为数控加工的首选内容。这些内容主要有：

① 轮廓形状复杂，精度要求高或必须用函数关系决定的曲线轮廓、复杂型面或曲面零件。

② 具有微小尺寸的结构表面，如各种过渡圆角、小圆弧、螺纹等。

③ 同一表面有不同设计要求的零件。如图 4-1 所示，为了既能保证装配精度，又要使装配顺利，带轮孔的直径在不同部位采用两种设计尺寸：配合部分孔径为$\phi 31.787_{-0.025}^{\ 0}$ mm，引导装配部分孔径为$\phi 31.82_{\ 0}^{+0.1}$ mm，半径相差 0.0165 mm，并且两尺寸过渡倒角也有要求。

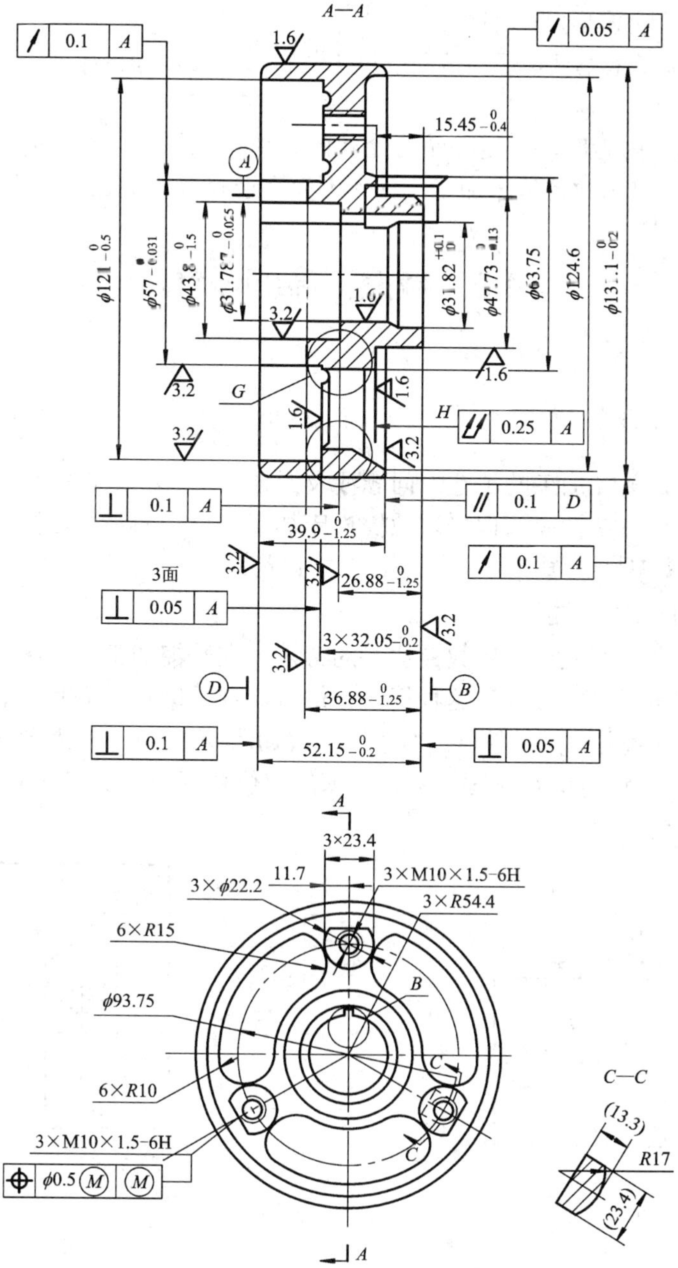

图 4-1　带轮

④ 有某些几何关系要求、需连续切削完成的表面，如相切、相交或有一定夹角关系的表面。

(2) 普通机床加工困难、质量难以保证的部分作为重点选择内容。这些内容主要有：

① 表面间位置精度要求严格，普通机床无法在一次装夹中完成加工的内容。

② 表面粗糙度要求较高的变直径表面，如圆锥面、端面、曲面等。

③ 用通用机床加工时，要求设计制造复杂的专用夹具或需很长调整时间的零件。

④ 预备多次改型(设计修改)的零件，如新产品试制的零件。

⑤ 需联合进行钻、扩、铰、镗、攻丝等工序的零件，如箱体类零件。

⑥ 要求精确复制(仿形)的零件。

(3) 普通机床加工效率低、工人劳动强度大的部分，在数控机床任务不饱满时可作为可选内容。

在选择数控加工内容时，一定要结合企业的具体情况综合考虑。如果企业自动化程度极高，产品100%都采用数控机床加工，这就不存在选择数控加工内容的问题了。

4.2 数控工序的设计

一、数控加工工艺性分析

应该指出的是，数控加工的工艺性问题涉及面很广，某些零件用普通机床加工可能难于加工，即所谓结构工艺性差。但采用数控机床加工，可轻而易举地实现。因而在分析零件的数控工艺性时，需要对结构工艺性进行严格评价。

1. 零件图上的尺寸标注

零件图上的尺寸标注应该适应数控加工的特点，在数控加工零件图上，最好以同一基准标注尺寸或直接给出坐标尺寸。这种标注方法不仅便于编程，而且有利于设计基准、工艺基准、测量基准和编程原点的统一。对于图4-2(a)所示的局部分散标注图样，最好将其标注方法改为如图4-2(b)所示，这是因为数控机床的定位精度和重复定位精度很高，不会因累积误差而破坏零件的使用性。

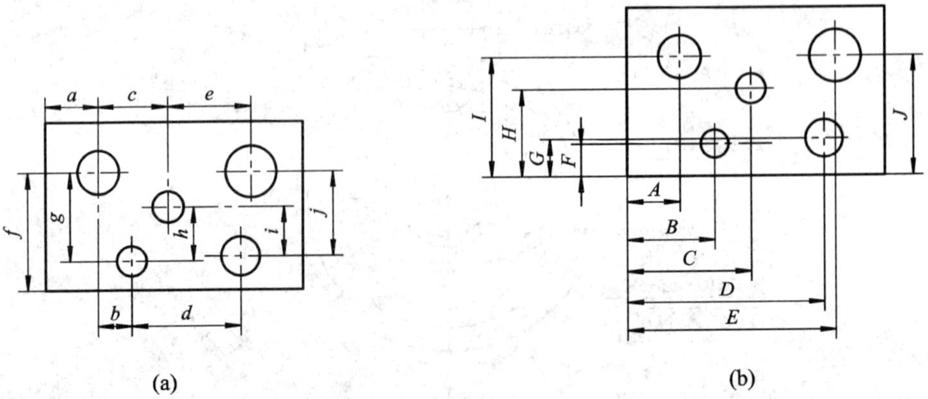

图4-2 零件图尺寸标注分析

2．零件轮廓的几何要素

零件轮廓的几何要素应该清楚正确，但由于设计等多方面的原因，在图样上可能出现加工轮廓的数据不充分、尺寸模糊不清及尺寸封闭等缺陷，增加了编程工作的难度，有时甚至无法编程，如图 4-3 所示。

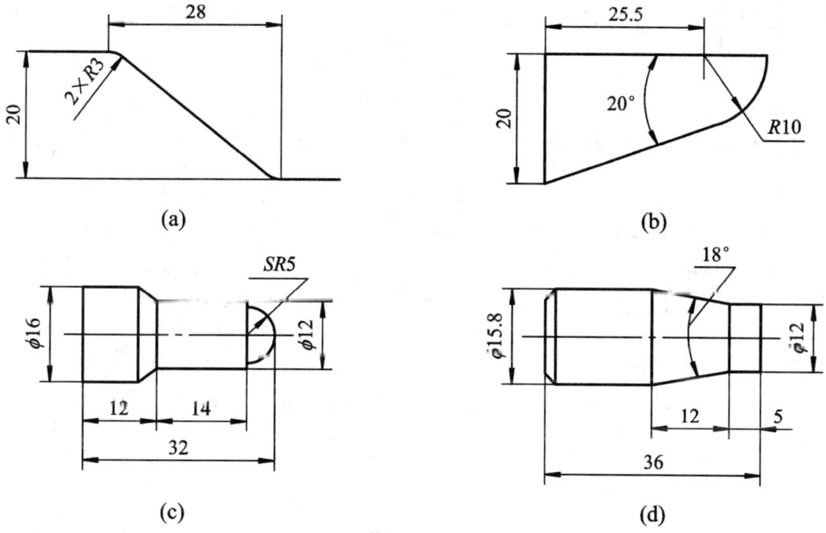

图 4-3　几何条件缺陷示例

(1) 图样上的图线位置模糊或尺寸标注不清，使编程工作无从下手。如图 4-3(a)所示两圆弧的圆心位置是不确定的，不同的理解将得到完全不同的结果。再如图 4-3(b)所示圆弧与外线的关系要求为相切，但经仔细计算后的结果却为相交(割)关系。

(2) 图样上给定的几何条件自相矛盾或漏掉尺寸。例如，在图 4-3(c)中，所示出的各段长度之和不等于其总长尺寸；此外，该图中还漏掉了倒角尺寸。

(3) 图样上所给定的几何条件已形成封闭尺寸，这不仅给数学处理造成困难，还可能产生不必要的计算误差。例如，在图 4-3(d)中，其圆锥体的各构成尺寸已经封闭。

图 4-4 为分别对应图 4-3 所示缺陷进行处理后的结果。

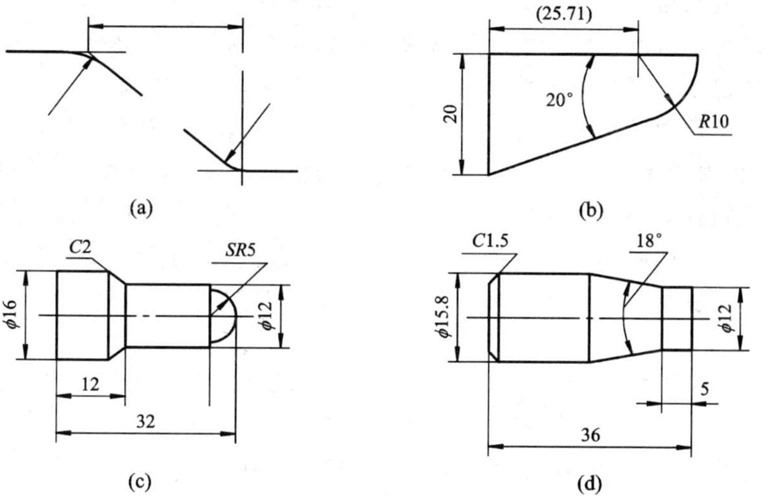

图 4-4　缺陷处理结果示例

3. 零件结构的工艺性

第三章介绍的有关零件结构工艺性的问题，在数控加工的工艺分析中都应该引起重视。但由于数控加工有其自身的特点，因而对零件结构的工艺性提出了更高的要求。

(1) 在数控加工中，应尽量少用或不用成形刀具。如图 4-5 中的三类槽型，对于普通机床(车床或磨床)加工而言，a 型的工艺性最好，b 型次之，c 型最差。因为 b 型和 c 型槽的刀具制造困难，切削抗力比较大，刀具磨损后不易重磨。如果是数控机床加工，则 c 型工艺性最好，b 型次之，a 型又最差。因为 a 型槽在数控机床上加工时仍要用成形切糟刀切削，不能充分利用数控加工的走刀特点，b 型和 c 型槽则可用通用的外圆刀具加工(如图 4-6 所示)。

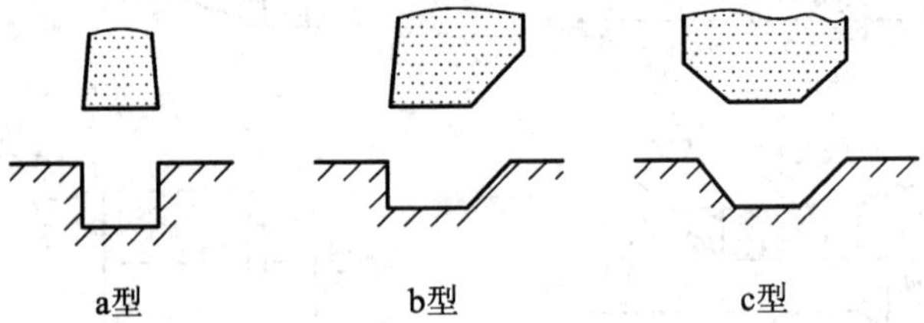

图 4-5　普通机床上用成形刀具加工沟槽

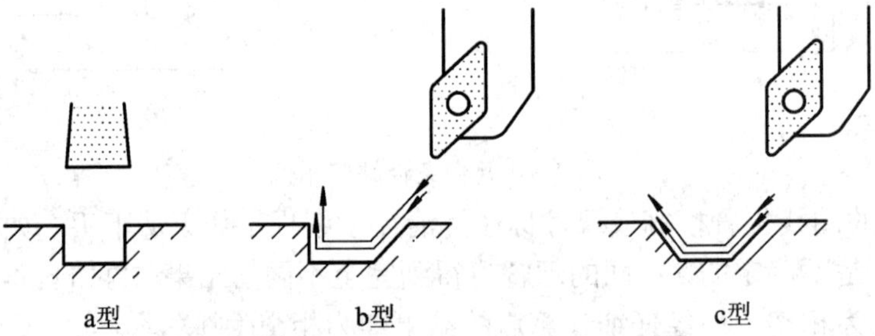

图 4-6　数控机床对不同槽型的加工

(2) 内孔有复杂型面应尽量让普通的刀具一次走刀成形。一般情况下，车削内孔中的型面比车削外圆和端面上的型面更加困难。因此，当内孔有复杂型面的设计要求时，更要注意数控车削的走刀特点，尽量让普通的刀具一次走刀成形。如图 4-7 所示，在圆弧上端出口处，由于没有安排一段 45°的斜线而是以圆弧与端面直接相交，导致零件的数控车削工艺性极差，难以加工。在分析零件结构工艺性时，对某些细小部位也要注意，否则也有可能给数控加工带来问题。

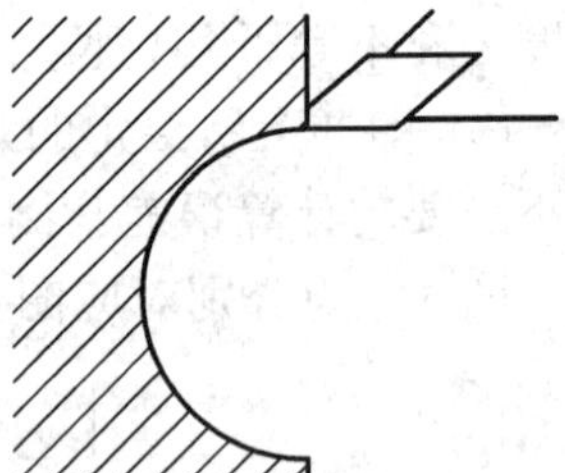

图 4-7　不利于数控车削的结构

(3) 轮廓的凹圆弧半径不宜太小，且尺寸应尽量统一。图 4-8(a)所示的零件，由于圆角大小决定着刀具直径大小，凹圆弧半径大，不仅可以采用较大直径的铣刀加工，刀具刚性较好，还能减少加工槽底面的进给次数，表面加工质量也会好些，工艺性较好。采用统一的凹圆弧尺寸，可以减少刀具规格和换刀次数，节约换刀时间，缩短程序长度，有利于提高工效。

(4) 需要铣削的槽底面圆角或底板与肋板相交处的圆角半径不宜过大。这个圆角半径越大，铣刀端刃铣削平面的能力就越差，效率也就较低。如图 4-8(b)所示，当 r 大到一定程度时，就必须用球头铣刀加工。球头铣刀端刃铣削平面的面积很小，加工平面的能力很差，所以工艺性当然不好，这是应当避免的。

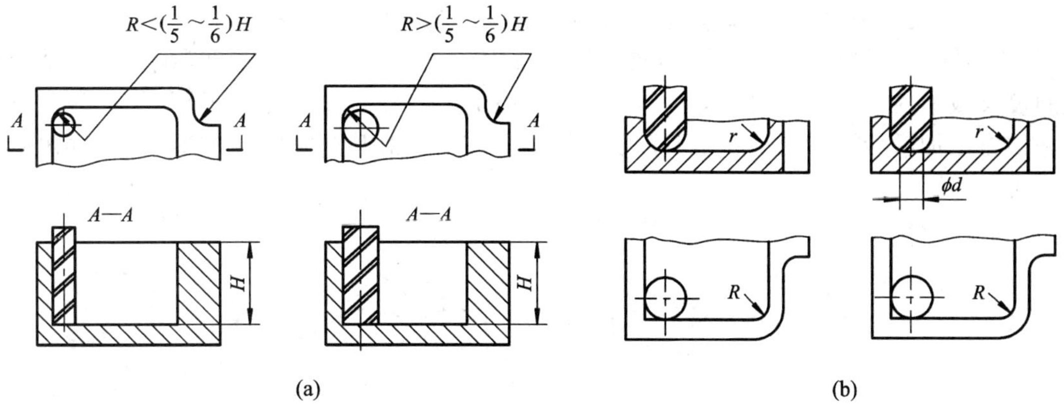

图 4-8　数控铣削工艺性对比

(5) 确定数控铣削的毛坯余量应均匀充分。数控铣削中最难保证的是加工面与非加工面之间的尺寸，因此在零件图样注明的非加工面处应增加适当的余量。

二、加工方案的制订

1．常用数控加工方法的选择

在第三章中已经讲过，被加工表面的几何特点决定了加工方法的选择。所选加工方法要与零件的表面特征、所要求达到的精度及表面粗糙度相适应。在选择加工方法时，还应考虑对提高加工效率和降低生产成本有利。

1) 旋转体类零件

旋转体类零件常用数控车床或磨床加工。在车床上加工时，通常加工余量大，需注意合理安排粗加工路线，以提高加工效率。

2) 平面轮廓零件

平面轮廓多由直线和圆弧或各种曲线构成，通常此类零件采用三坐标数控铣床进行两轴坐标加工。

3) 立体轮廓零件

立体曲面的加工应根据曲面形状、刀具形状以及精度要求采用不同的铣削加工方法，如两轴半、三轴、四轴及五轴等联动加工。

(1) 对曲率变化不大和精度要求不高的曲面的粗加工，常用两轴半坐标的行切法加工，即 X、Y、Z 三轴中任意两轴作联动插补，第三轴作单独的周期进给。

(2) 对曲率变化较大和精度要求较高的曲面的精加工，常用 X、Y、Z 三坐标联动插补的行切法加工。

(3) 对像叶轮、螺旋桨这样的零件，因其叶片形状复杂，刀具易被相邻表面干涉，常用五坐标联动加工。

4) 斜面的加工

根据零件的尺寸精度、倾斜的角度、主轴箱的位置、刀具形状、机床的行程、零件的安装方法、编程的难易程度等因素考虑，斜面有许多可能的加工方案。

(1) 固定斜角的斜面。

① 对于尺寸不大的固定斜角面，可用斜垫板垫平后加工；若机床主轴可以摆角，则可将机床主轴摆成适当的定角，用不同的刀具来加工，如图 4-9 所示。对于零件尺寸很大、斜面斜度又较小的斜角面，则常用行切法加工，但加工后会在加工面上留下残留面积，需要用钳修方法加以清除。当然，加工斜面的最佳方法是采用五坐标数控铣床，主轴摆角后加工，可以不留残留面积。

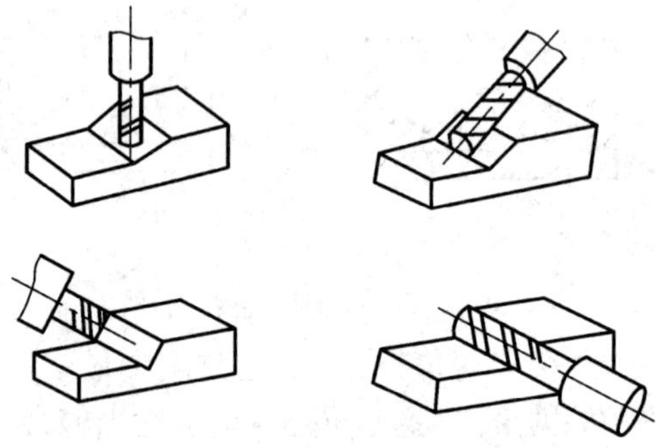

图 4-9　主轴摆角加工固定斜角面

② 对于正圆台和斜筋等斜面，一般可用专用的角度成形铣刀加工。其加工效果比采用五坐标数控铣床摆角加工好。

(2) 变斜角面加工。对于变斜角面，常用的有下列三种加工方案：

① 采用三坐标联动的数控铣床，利用球头铣刀或鼓形铣刀，以直线或圆弧插补方式进行分层铣削加工，加工后的残留面积用钳修方法清除。用球头铣刀加工效率较低，而鼓形铣刀的鼓径可以做得比球头铣刀的球径大，所以加工后的残留面积高度小，加工效果比球头铣刀好。图 4-10 是用鼓形铣刀铣削变斜角面的情形。

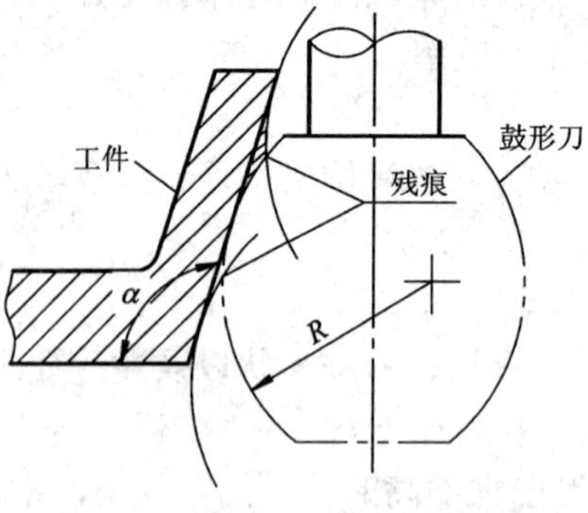

图 4-10　用鼓形铣刀分层铣削变斜角面

② 对于曲率变化较小的变斜角面，用 *X*、*Y*、*Z* 和 *A* 四坐标联动的数控铣床，采用立铣刀以插补方式摆角加工(如果零件斜角过大，超过机床主轴摆角范围时，可用角度成形铣刀加以弥补)，如图 4-11(a)所示。加工时，为保证刀具与零件型面在全长上始终贴合，刀具绕 *A* 轴摆动角度α。

③ 对于曲率变化较大的变斜角面，用四坐标联动加工难以满足加工要求时，最好用 *X*、*Y*、*Z*、*A* 和 *B*(或 *C* 转轴)的五坐标联动数控铣床，用立铣刀以圆弧插补方式进行摆角加工，如图 4-11(b)所示。图中夹角 *A* 和 *B* 分别是零件斜面母线与 *Z* 坐标轴夹角 α 在 *ZOY* 平面上和 *XOZ* 平面上的分夹角。

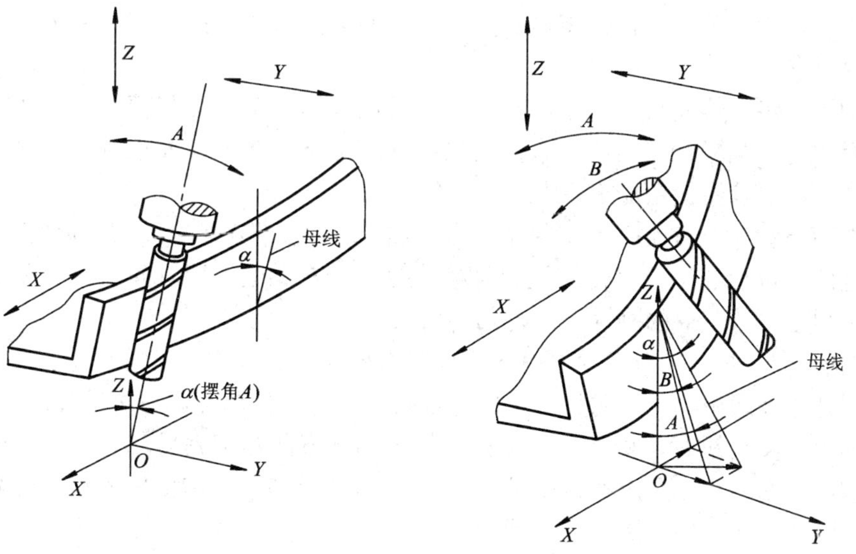

(a)　　　　　　　　　　(b)

图 4-11　四、五坐标数控铣床加工零件变斜角面

(a) 四坐标数控铣床加工变斜角面；(b) 五坐标数控铣床加工变斜角面

5) 有孔系的零件

平面孔系可在点位、直线控制数控机床(如数控钻床)上加工，交叉孔系需用镗铣类加工中心加工。

孔可用钻削、扩削、铰削和镗削等方法加工。大直径孔还可采用圆弧插补方式进行铣削加工。钻削、扩削、铰削及镗削所能达到的精度和表面粗糙度见表 3-7 及表 3-11。

毛坯上已铸出或锻出的、直径大于ϕ30 mm 的孔的加工，一般采用“粗镗—半精镗—孔口倒角—精镗”的加工方案，孔径较大的也可采用立铣刀粗铣—精铣加工方案。有空刀槽的孔，其空刀槽可在半精镗孔之后、精镗之前用锯片铣刀铣削完成，也可用单刃镗刀镗削，但单刃镗刀镗削效率低。

对于毛坯上直径小于ϕ30 mm、没有铸出或锻出毛坯孔的加工，常采用“锪平孔口端面—打中心孔—钻—扩—孔口倒角—铰”的加工方案。钻孔前安排锪平孔口端面工步和打中心孔工步，是为了提高孔的位置精度。孔口倒角安排在扩孔(属半精加工)之后、精加工之前，是为了防止孔内产生毛刺。

有同轴度要求的小孔，须采用“锪平孔口端面—打中心孔—钻—半精镗—孔口倒角—精镗(或铰)”的加工方案。

螺纹孔的加工，根据螺孔的大小采用不同的加工方法。直径在 M6～M20 mm 之间的螺纹，通常采用攻螺纹的方法加工。直径在 M6 mm 以下的螺纹，可先在加工中心上完成底孔加工，然后再通过钳工攻螺纹完成。这是因为在加工中心上攻螺纹不能随机控制加工状态，小直径丝锥容易折断。对于直径在 M20 mm 以上的螺纹，可采用镗刀片镗削加工完成。

2．工步顺序的安排

工步顺序的安排应根据零件的结构、毛坯状况及定位与夹紧的情况来考虑，重点是工件的刚性不被破坏。工步顺序安排可按以下原则进行。

(1) 先粗后精。为了提高生产效率并保证零件的精加工质量，在切削加工时，应先安排粗加工工步，在较短的时间内，将精加工前大量的加工余量去掉，同时尽量满足精加工的余量均匀性要求。

当粗加工工步安排完后，应接着安排换刀后进行的半精加工和精加工。其中，安排半精加工的目的是，当粗加工后所留余量的均匀性满足不了精加工要求时，可安排半精加工作为过渡性工步，以便使精加工余量小而均匀。

(2) 先近后远。在一般情况下，特别是在粗加工时，通常安排离对刀点近的部位先加工，离对刀点远的部位后加工，以便缩短刀具移动距离，减少空行程时间。对于车削加工，先近后远还有利于保持工件的刚性，改善其切削条件。

(3) 先内后外、内外交叉。对既有内表面又有外表面的零件，通常应先进行内腔、内形粗加工，后进行外形粗加工；精加工时先进行内腔、内形精加工，后进行外形精加工。内、外表面的加工应交叉进行，切不可将零件上的一部分表面加工完后，再加工其他表面。这是因为控制内表面的尺寸和形状较困难，刀具刚性相应较差，刀尖(刃)的使用寿命易受切削热而降低，以及在加工中清除切屑较困难等。

(4) 相同装夹的工步连续进行。以相同定位、夹紧方式或同一把刀具加工的工步，最好连续加工，以减少重复定位次数、换刀次数与挪动压板次数。

(5) 工件刚性破坏小的工步先安排。在同一次装夹中有多个工步进行时，应先安排对工件刚性破坏较小的工步加工。

三、走刀路线的确定

走刀路线泛指刀具从对刀点(或机床固定原点)开始运动起，直至返回该点并结束加工程序所经过的路径，也就是刀具在整个加工工序中的运动轨迹，包括切削加工的路径及刀具引入、切出等非切削空行程。走刀路线不但包括了工步的内容，也反映了工步顺序。因此走刀路线是编写程序的依据之一。确定走刀路线的工作重点，主要在于确定粗加工及空行程的走刀路线，因精加工切削过程的走刀路线基本上都是沿其零件轮廓顺序进行的。

1. 数控加工确定走刀路线的原则

1) *走刀路线最短*

在保证加工质量的前提下，最短的走刀路线，不仅可以节省整个加工时间，还能减少一些不必要的刀具消耗及机床进给机构滑动部件的磨损等。要实现最短的走刀路线，除了需要大量实践经验外，还应善于分析和计算。

(1) 最短的空行程路线。

① 巧用起(换)刀点。如图 4-12 所示，在采用矩形循环方式进行粗车时，考虑到精车等加工过程中换刀方便，故将对刀点 *A* 设置在离坯件较远的位置处，若将起(换)刀点与对刀点分离，设于 *B* 点位置，每次循环走刀时都减少空行程 *A*→*B*，则可缩短空行程距离。

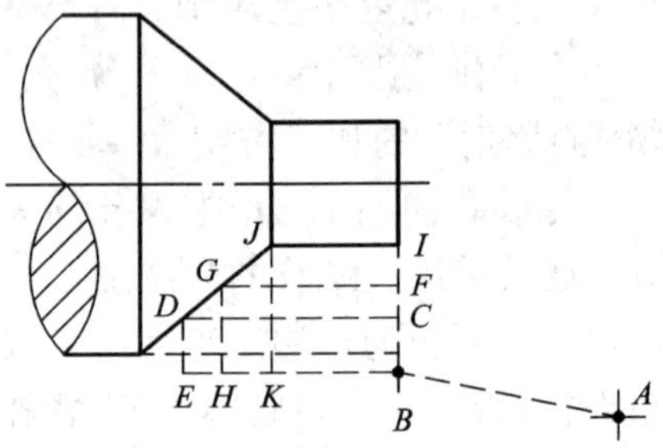

图 4-12　巧用起刀点

② 合理安排“回零”路线。在安排“回零”路线时，尽可能使前一刀终点与后一刀起点重合，即使不能重合，也应使其距离尽量缩短，达到走刀路线为最短的要求。另外，在

选择返回对刀点指令时，在不发生干涉的前提下，宜尽量采用 X、Z 坐标轴双向同时“回零”指令，该指令功能的“回零”路线将是最短的。

③ 巧排空程走刀路线。对数控冲床、钻床等点位控制机床，其空行程执行时间对生产率的提高影响较大。例如，在数控钻削图 4-13(a)所示零件时，图 4-13(c)所示的空程走刀路线比图 4-13(b)所示的常规空程走刀路线要短。

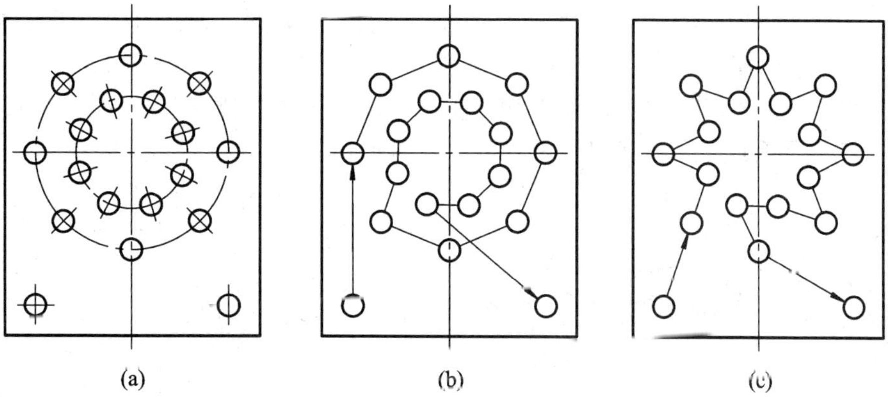

图 4-13　巧排空程走刀路线

(a) 钻削示例件；(b) 常规走刀路线；(c) 最短走刀路线

(2) 最短的切削走刀路线。切削走刀路线为最短，可有效地提高生产效率，降低刀具的损耗等。在安排粗加工或半精加工的切削走刀路线时，应同时兼顾到被加工零件的刚性及加工的工艺性等要求，不要顾此失彼。

如图 4-14 所示，(a)图为需粗车的例件，(b)～(d)图所示为几种不同切削走刀路线示意图。其中，(b)图表示利用数控系统具有的封闭式复合循环功能而控制车刀沿着工件轮廓进行走刀的路线；(c)图为利用其程序循环功能安排的“三角形”走刀路线；(d)图为利用其矩形循环功能而安排的“矩形”走刀路线。

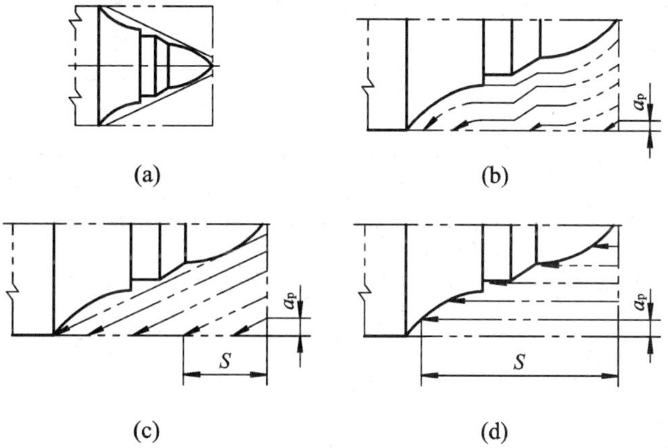

图 4-14　粗车走刀路线示例

对图中所示的三种切削走刀路线，经分析和判断后可知，矩形循环走刀路线的走刀长度总和为最短，因此，在同等条件下，其切削所需时间(不含空行程)为最短，刀具的损耗小。另外，矩形循环加工的程序段格式较简单，所以这种走刀路线的安排在制定加工方案时应用得较多。

2) 铣削轮廓型面应从切向切入和切出

在数控铣床上安排走刀路线时，要尽量避免交接处的重复加工，减少接刀痕迹，保证零件表面质量，安排好刀具切入和切出的走刀路线。用圆弧插补方式铣削外表面轮廓时，铣刀的切入和切出应沿工件轮廓曲线的延长线上的切向切入和切出工件表面(如图 4-15 所示)，而不能沿法线直接切入工件，以避免因切削力的变化而使加工表面产生刀痕，只有这样，才能保证零件轮廓光滑。同时，切入、切出段的长度要适当，以免在取消刀具补偿时刀具与零件表面发生碰撞。

铣削内圆弧时，也要遵守切向切入和切出的原则。最好安排从圆弧过渡到圆弧的走刀路线，以提高内圆弧的加工精度和表面质量，如图 4-16 所示。

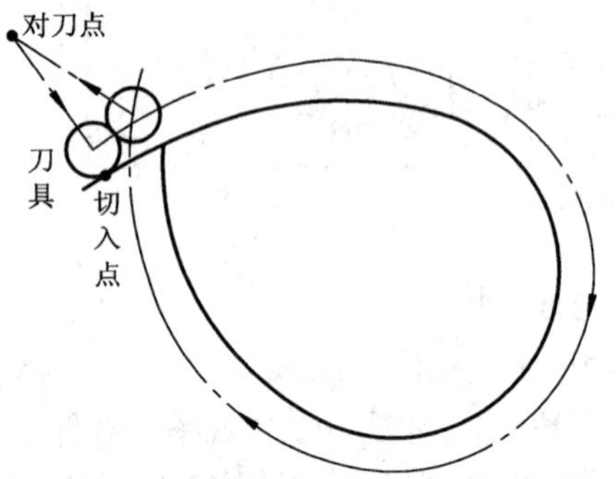

图 4-15　铣削外表面轮廓的切入、切出方式

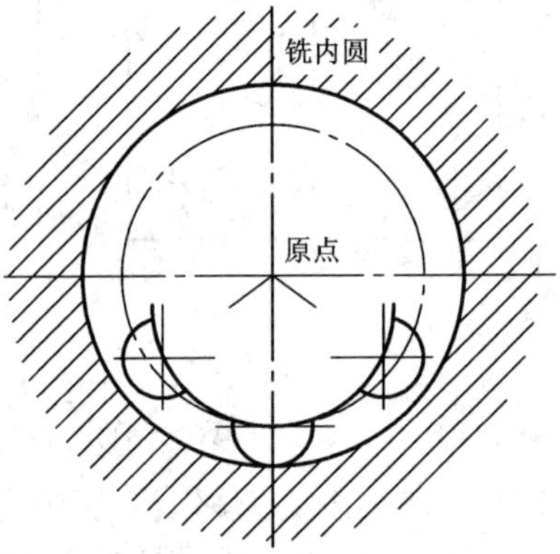

图 4-16　内轮廓铣削

对于加工余量较大或精度较高的薄壁件，可采用多次走刀的方法控制零件的变形误差。最后一次走刀的切除量一般控制在 0.2～0.5 mm。

3) 铣削内凹槽轮廓面的走刀路线

如图 4-17 所示，用立铣刀铣削内凹槽轮廓表面时，切入和切出无法外延，这时铣刀只有沿工件轮廓的法线方向切入和切出，这时可将其切入点和切出点选在工件轮廓两几何元素的交点处。但随着走刀路线的不同，加工结果也将不一样。

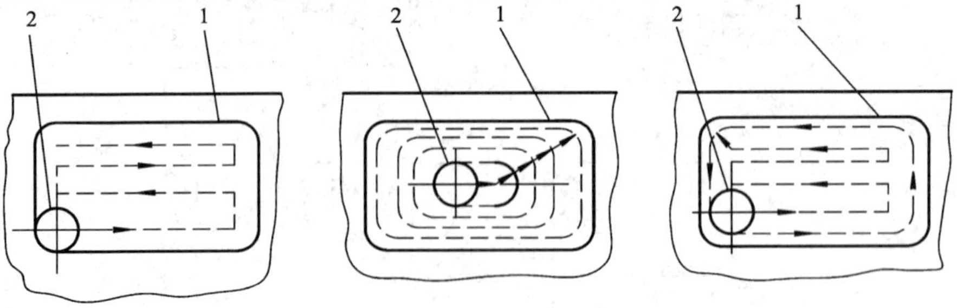

1—工件凹槽轮廓；2—铣刀

(a)　(b)　(c)

图 4-17　凹槽铣削的三种走刀路线

(a) 行切法；(b) 环切法；(c) 综合法(先行切后环切)

(1) 行切法：从槽的一边一行一行地切到槽的另一边(如图 4-17(a)所示)。其特点是走刀路线短，不留死角，不伤轮廓，减少了重复进给的搭接量。但在每两次进给的起点与终点

间留下了残留面积，表面粗糙度变差。

(2) 环切法：从槽的中间逐次向外扩展进行环形走刀，直至切完全部余量(如图 4-17(b)所示)。其特点是表面粗糙度好于行切法，但走刀路线比行切法长，在编程时刀位点计算较复杂。

(3) 综合法：先用行切法切去中间大部分余量，再用环切法沿凹槽的周边轮廓环切一刀(如图 4-17(c)所示)。其特点是综合了行、环切法的优点，既能使总的走刀路线较短，又能获得较好的表面粗糙度。

显然，三种方案中，综合法的走刀路线方案最佳。

4) 选择工件加工后变形小的路线

对于横截面积小的细长零件，或加工余量较大、精度较高的薄壁件，可采用多次走刀或对称去除余量的方法安排走刀路线，以控制零件的变形误差。最后一次走刀的切除量一般控制在 0.2～0.5 mm。

5) 最终加工应一次走刀连续加工

为保证工件轮廓表面加工后的粗糙度要求，在安排可以一刀或多刀进行的精加工工序时，其零件的完工轮廓应由最后一刀连续加工而成，这时，加工刀具的进、退刀位置要考虑妥当，尽量不要在连续的轮廓中安排切入和切出或换刀及停顿，以免因切削力突然变化而造成弹性变形，致使光滑轮廓上产生表面划伤、形状突变或滞留刀痕等缺陷。

2．灵活选用不同的切削路线

应灵活选用不同的切削路线，图 4-18 所示即为粗车半圆弧凹表面时的几种常见切削路线形式。

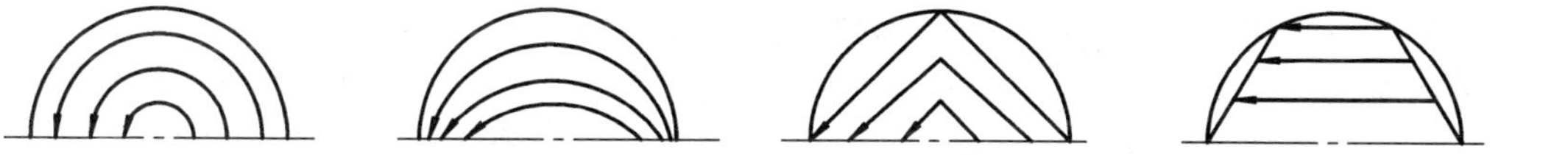

(a)　(b)　(c)　(d)

图 4-18　切削路线的形式

在图 4-18 中，(a)图表示为同心圆形式，(b)图表示为等径圆弧(不同圆心)形式，(c)图表示为三角形形式，(d)图表示为梯形形式。

不同形式的切削路线有不同的特点，了解它们各自的特点有利于合理地安排其走刀路线。下面分析图 4-18 中的几种切削路线：

(1) 程序段数最少的为同心圆及等径圆形式；

(2) 走刀路线最短的为同心圆形式，其余依次为三角形、梯形及等径圆形式；

(3) 计算和编程最简单的为等径圆形式(可利用程序循环功能)，其余依次为同心圆、三角形和梯形形式；

(4) 金属切除率最高、切削力分布最合理的为梯形形式；

(5) 精车余量最均匀的为同心圆形式。

又如，图 4-19 所示为用球头铣刀行切法加工立体曲面轮廓的几种加工路线。

图 4-19(a)所示的走刀路线符合这类零件数据给出情况，便于加工后检验，叶形的准确度高，但程序较多。

图 4-19(b)所示的走刀路线为每次沿直线加工，刀位点计算简单，程序少，加工过程符

合直纹面的形成，可以准确保证母线的直线度。但该工件受力后，强度较图 4-19(a)的差。

图 4-19(c)所示的走刀路线与图 4-19(a)的类似，程序稍少，但表面质量最好。

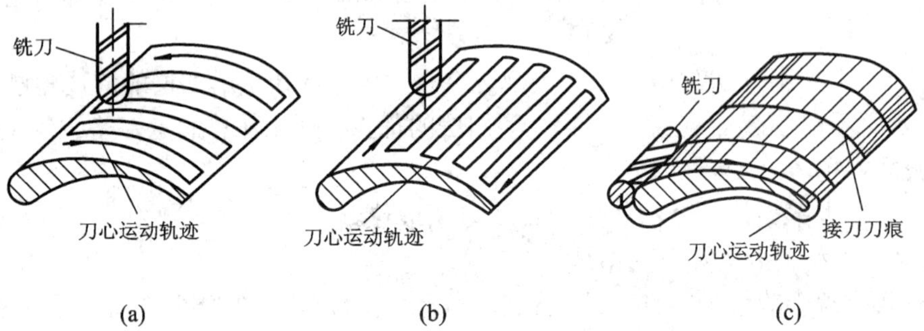

图 4-19　球头铣刀行切法加工立体曲面轮廓

四、定位装夹方案的确定

1. 工件装夹的方法

1) 找正装夹

找正是用工具(或仪表)根据工件上有关基准，找出工件在加工(或装配)时的正确位置的过程，用找正方法装夹工件称为找正装夹。找正装夹又可分为以下两种：

(1) 划线找正法。划线找正法是用划针根据毛坯或半成品上所划的线为基准找正它在机床上正确位置的一种装夹方法。划线找正法定位精度较低，一般在 0.2～0.5 mm 之间，因为划线本身有一定的宽度，划线又有划线误差。

这种方法广泛用于单件、小批生产，尤其适用于形状复杂而笨重的工件，或毛坯的尺寸公差很大，无法采用夹具装夹的工件。

(2) 直接找正法。直接找正法是用划针或仪表直接在机床上找正工件位置的装夹方法。例如，用千分表找正套筒零件的外圆，使被加工的内孔与外圆同轴。直接找正法生产率较低，对工人的技术水平要求高，所以一般只用于单件小批生产中。

2) 用夹具装夹

夹具是用以装夹工件的装置。用夹具装夹能使工件迅速获得正确位置，定位精度高而稳定。用精基准定位时，工件的定位精度一般可达 0.01 mm。所以夹具装夹工件广泛用于成批大量生产。

在确定定位和夹紧方案时应注意以下几个问题：

① 尽可能做到设计基准、工艺基准与编程计算基准的统一；

② 尽量将工序集中，减少装夹次数，尽可能在一次装夹后能加工出全部待加工表面；

③ 避免采用占机人工调整时间长的装夹方案；

④ 夹紧力的作用点应落在工件刚性较好的部位。

如图 4-20(a)所示薄壁套的轴向刚性比径向刚性好，用卡爪径向夹紧时工件变形大，若沿轴向施加夹紧力，变形会小得多。在夹紧图 4-20(b)所示的薄壁箱体时，夹紧力不应作用在箱体的顶面，而应作用在刚性较好的凸边上，或改为在顶面上三点夹紧，改变着力点位置，以减小夹紧变形，如图 4-20(c)所示。

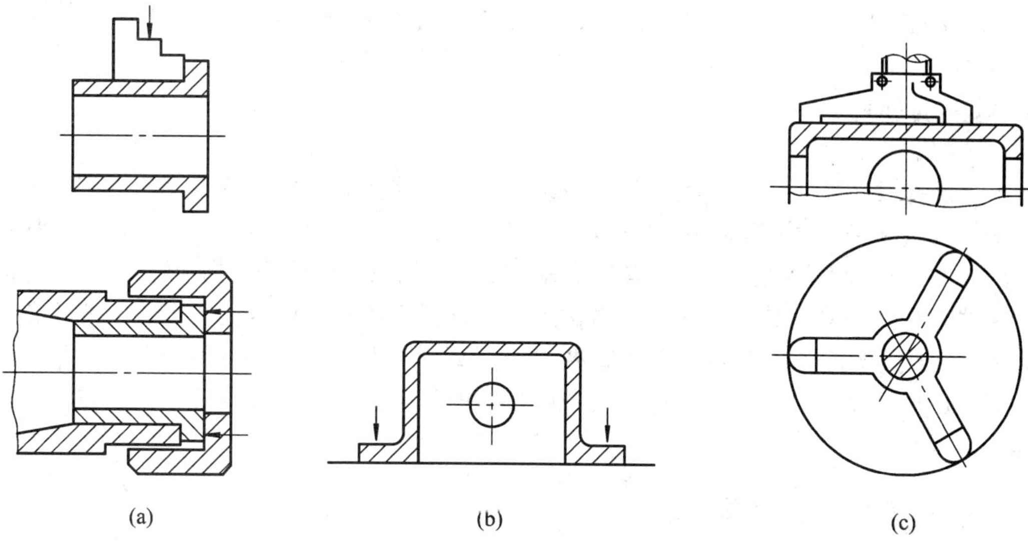
(a) (b) (c)

图 4-20 夹紧力作用点与夹紧变形的关系

2. 数控加工对夹具的要求

要充分发挥数控机床的高速度、高精度和自动化的效能，还应该有相应的夹具进行配合。鉴于数控加工的特点，对其使用的夹具提出了两个基本要求：一是保证夹具的坐标方向与机床的坐标方向相对固定；二是要能协调零件与机床坐标系的尺寸。除此之外，还应重点考虑以下几点：

(1) 应具有较高的定位精度，尽可能做到定位基准与设计基准重合，以减小定位误差；各夹具元件应具有较好的精度保持性，以利于长期、可靠地使用。

(2) 零件的装卸要快速、方便、可靠，以缩短机床的停顿时间。

(3) 夹具上各零部件应不妨碍机床对零件各表面的加工，即夹具要敞开，其定位、夹紧机构元件不能影响加工中的走刀(如产生碰撞等)。

(4) 排屑要方便顺畅，以免切屑聚集破坏工件的定位和切屑带来的大量热量引起热变形，影响加工质量。

(5) 为发挥数控加工的效率，批量较大的零件加工尽可能采用多工位、气动或液压夹具。

(6) 避免采用占机人工调整时间长的装夹方案。

3. 数控加工常用夹具的类型

(1) 组合夹具。组合夹具俗称积木式夹具，它是一种标准化程度及精度都较高的通用夹具，主要适用于数控铣床的加工。

(2) 多工位夹具。多工位夹具可同时装夹多个工件，有利于缩短生产中的辅助时间，提高生产效率，这类夹具主要适用于在加工中心等机床上进行中等批量生产工件的加工。

(3) 液压、电动及气动夹具。这类夹具是便于自动控制定位和夹紧过程的夹具，其应用范围较宽。在数控车床上，这类夹具多用于装夹大批量加工的圆柱体类工件。

4. 数控加工夹具的选用

(1) 单件小批量生产时，优先选用通用夹具、可调夹具和组合夹具，以缩短生产准备时间和节省生产费用。

(2) 成批生产时，可考虑采用专用夹具，但应力求结构简单。

五、刀具的选择

合理选择数控加工用的刀具，是工序设计中非常重要的一项内容。在数控加工中，产品的加工质量和劳动生产率在很大程度上将受到刀具的制约。虽然其大多数刀具与普通加工中所用的刀具基本相同，但对一些工艺难度较大或轮廓、形状等方面较特殊的零件加工，所选用的刀具必须具有较高要求，或需做进一步的特殊处理，以满足数控加工的需要。与普通机床相比，数控加工用的刀具不仅要求精度高、刚性好、装夹调整方便，而且要求切削性能强、耐用度高。选择刀具通常要考虑机床的加工能力、工序内容、工件材料等多种因素。

(一) 数控加工对刀具的要求

(1) 精度高。为适应数控加工的高精度和自动换刀等要求，刀具及其刀夹都必须具有较高的精度。如有的整体式立铣刀的径向尺寸精度高达 0.005 mm 等。

(2) 强度、刚度好。为适应刀具在粗加工或对高硬度材料的零件加工时，能大吃刀和快走刀，要求刀具必须具有足够的强度；对于刀杆细长的刀具(如深孔车刀)，还应具有较好的抗振性能，刚度要好。

(3) 切削速度和进给速度高。为提高生产效率并适应一些特殊加工的需要，刀具应能满足高切削速度或进给速度的要求。

(4) 耐用度高。刀具在切削过程中的不断磨损，会造成加工尺寸的变化，伴随刀具的磨损、变钝，会增大切削阻力，使被加工零件的表面粗糙度大大下降，反过来又会加剧刀具的磨损，形成恶性循环。因此，数控加工中的刀具，不论在粗加工、精加工还是在其他特殊加工中，都应具有比普通机床加工所用刀具更高的耐用度和使用寿命，以尽量减少更换或修磨刀具，减少对刀的次数，从而保证零件的加工质量，提高生产效率。

使用寿命高的刀具，磨一次刀至少应完成 1～2 个大型零件的加工。

(5) 断屑及排屑性能好。有效地进行断屑及排屑，对保证数控机床顺利、安全地运行具有非常重要的意义。

以车削加工为例，如果车刀的断屑性能不好，车出的螺旋形切屑就会缠绕在刀头、工件或刀架上，既可能损坏车刀(特别是刀尖)，还可能割伤已加工好的表面，甚至会发生伤人和损坏设备的事故。因此，数控车削加工所用的硬质合金刀片上，常常采用三维断屑槽，以增大断屑范围，改善断屑性能。另外，车刀的排屑性能不好，会使切屑在前刀面或断屑槽内堆积，加大切削刃(刀尖)与零件间的摩擦，加快其磨损，降低零件的表面质量，还可能产生刀瘤，影响车刀的切削性能。因此，应常对车刀采取减小前刀面(或断屑槽)的摩擦系数等措施(如特殊涂层处理及改善刃磨效果等)。对于内孔车刀，需要时还可考虑从刀体或刀杆的里面引入切削液，并具有从刀头附近喷出冲排切屑的结构。

(6) 可靠性好。要保证数控加工中不会因发生刀具意外损坏及潜在缺陷而影响到加工的顺利进行，要求刀具及与之组合的附件必须具有很好的可靠性和较强的适应性。

(二) 常用刀具材料

这里所讲的刀具材料，主要是指刀具切削部分的材料，较多的指刀片材料。

1. 刀具材料必须具备的主要性能

(1) 较高的硬度和耐磨性。较高的硬度和耐磨性是对切削刀具的一项基本要求。一般情况下，刀具材料的硬度越高，其耐磨性也越好，其常温硬度应在 62 HRC 以上。

(2) 较高的耐热性。耐热性是衡量刀具材料切削性能的主要标志，也是刀具材料必备的关键性能。该性能是指刀具材料在高温工作状态下，仍具有正常切削所必需的硬度、耐磨性、强度和韧性等综合性能。

(3) 足够的强度和韧性。刀具材料具有足够的强度和韧性，以承受切削过程中的很大压力(如重切)、冲击和振动，而不崩刀和折断。

(4) 较好的导热性。对金属类刀具材料，其导热系数越大，由刀具传出和散发的热量也就越多，使切削温度降低得快，有利于提高刀具的使用寿命。

(5) 良好的工艺性。在刀具的制造过程中，需对刀具材料进行锻造、焊接、粘接、切削、烧结、压力成形等加工及热处理等；在使用过程中，又要求其具有较好的可磨削性、抗粘接性和抗扩散性等。

(6) 较好的经济性。在满足加工条件的前提下，刀具材料还应具有经济性。

2. 常用刀具材料的类型及选用

为适应机械加工技术，特别是数控机床加工技术的高速发展，刀具材料也在大力发展之中，除了量大、面广的高速钢及硬质合金材料外，新型刀具材料正不断涌现。

(1) 高速钢。高速钢是常用刀具材料之一，它具有稳定的综合性能，在复杂刀具和精加工刀具中，仍占主要地位。其典型钢号有 W18Cr4V、W9Cr4V2 和 W9Mo3Cr4V3Co10 等。

(2) 硬质合金。硬质合金是高速切削时常用的刀具材料，它具有高硬度、高耐磨性和高耐热性的特点。但其抗弯强度和冲击韧性比高速钢差，故不宜用在切削振动和冲击负荷大的加工中。国产硬质合金刀片的牌号有 YB215 和 YB415 等。

(3) 涂层刀具。为提高刀具的可靠性，进一步改善其切削性能和提高加工效率，通过“涂镀”这一新工艺，使硬质合金和高速钢刀具性能大大提高。涂层硬质合金刀片的使用寿命至少可提高 1～3 倍，而涂层高速钢刀具的使用寿命则可提高 2～10 倍。

涂层刀具是在高速钢及韧性较好的硬质合金基体上，通过气相沉积法，涂覆一层极薄(0.005～0.012 mm)的、耐磨性高的难熔金属化合物(如 TiC、TiN、TiB2、TiAlN 等)。

(4) 非金属材料刀具。用作刀具的非金属材料主要有陶瓷、金刚石及立方氮化硼等。

① 陶瓷刀具。陶瓷材料具有很高的硬度和耐磨性、很强的耐高温性、很好的化学稳定性和较低的摩擦系数，常常制成可转位机夹刀片，目前已开始用于制造车、铣等成形刀具之中。这种刀具特别适合于高速加工铸铁，也适合高速加工钛合金及高温合金等难加工材料。

② 金刚石刀具。这类刀具主要指由人造金刚石制成的刀具，它具有极高的硬度和耐磨性，通常制成普通机夹刀片或可转位机夹刀片，用于钛或铝合金的高速精车，以及对含有耐磨硬质点的复合材料(如玻璃纤维、碳或石墨制品等)的加工。

③ 立方氮化硼刀具。方方氮化硼是一种硬度及抗压强度接近金刚石的人工合成超硬材料，具有很高的耐磨性、热稳定性(转化温度为 1370℃)、化学稳定性和良好的导热性等。这

种刀具宜于精车各种淬硬钢，也适于高速精车合金钢。

由于这几种材料的脆性大、抗弯强度和韧性均较差，因此不宜承受冲击及低速切削，也不适于加工各种软金属。

(三) 选择数控刀具通常应考虑的因素

数控机床刀具按装夹、转换方式主要分为两大系统，一种是车削系统，另一种是镗铣削系统。车削系统由刀片(刀具)、刀体、接柄(或柄体)、刀盘所组成。镗铣削系统由刀片(刀具)、刀杆(或柄体)、主轴或刀片(刀具)、工作头、连接杆、主柄、主轴所组成。前一种为整体式工具系统，后一种为模块式工具系统。

随着机床种类、型号、工件材料的不同以及其他因素的影响，得到的加工效果是不相同的。选择刀具应考虑的因素归纳起来有：

(1) 被加工工件的材料及性能，如金属、非金属等不同材料，材料的硬度、耐磨性、韧性等。

(2) 切削工艺的类别，有车、钻、铣、镗或粗加工、半精加工、精加工、超精加工等。

(3) 被加工件的几何形状、零件精度、加工余量等因素。

(4) 要求刀具能承受的背吃刀量、进给速度、切削速度等切削参数。

(5) 其他因素，如现生产的状况(操作间断时间、振动、电力波动或突然中断)。

(四) 数控车削刀具的选择

1. 车刀的种类

1) *按制造方法分*

(1) 焊接式车刀。这类车刀结构简单、制造方便，刚性好。但有焊接应力，甚至会产生裂纹，影响使用性能，而且刀杆不易重复使用。

(2) 机夹式可转位车刀。这类车刀的优点是未经焊接，可避免热应力，从而提高了耐磨性和抗破损能力；刀片预先制作有合理的几何参数，可用较高的切削用量，且排屑顺利；刀片转位迅速，更换方便；能使用涂层刀片，刀杆可长期使用，刀具费用降低。数控车削加工中应尽量采用这类车刀。

机夹式可转位车刀的缺点是在设计刃形、几何参数、断屑结构时，由于受刀具结构、工艺的限制，难于用于尺寸小的刀具。因此它又不可能全部取代焊接式车刀。

2) *按用途分*

按用途分，车刀可分为外圆车刀、内孔车刀、端面车刀、切槽刀、螺纹车刀、成形车刀，等等。

2. 车刀的选用

1) *数控车刀类型的选择*

数控车削常用的车刀一般分为三类，即尖形车刀、圆弧形车刀和成形车刀。

(1) 尖形车刀。如图 4-21 所示，这类车刀的刀尖(同时也为其刀位点)由直线形的主、副切削刃相交构成，如 90° 内、外圆车刀，左、右端面车刀，切断(车槽)车刀及刀尖倒棱很小的各种外圆和内孔车刀及端面车刀。

图 4-21　尖形车刀

(2) 圆弧形车刀。圆弧形车刀是较为特殊的数控加工用车刀。其特征是，构成主切削刃的刀刃形状为一圆度误差或线轮廓度误差很小的圆弧；该圆弧刃每一点都是圆弧形车刀的刀尖。因此，刀位点不在圆弧上，而在该圆弧的圆心上；车刀圆弧半径在理论上与被加工零件的形状无关。可用于车内、外表面，特别适合于车削各种光滑连接的凹形成形面。当某些尖形车刀或成形车刀(如螺纹车刀)的刀尖具有一定的圆弧形状时，也可作为这类车刀使用。

(3) 成形车刀。成形车刀也叫样板刀，其刀刃形状尺寸与零件轮廓形状尺寸一致。常见的成形车刀有小半径圆弧车刀、非矩形车槽刀和螺纹刀等。数控车削加工中，常见的成形车刀有小半径圆弧车刀、非矩形车槽刀和螺纹刀等。在数控加工中，应尽量少用或不用成形车刀。

2) 机夹式可转位车刀刀片的选择

为了减少换刀时间和方便对刀，便于实现机械加工的标准化，数控车削加工时应尽量采用机夹刀和机夹刀片。

(1) 刀片材质的选择。选择刀片材质，主要依据被加工工件的材料、被加工表面的精度、表面质量要求、切削状况(切削力的大小、切削中有无冲击或振动)来选择。应用最多的是硬质合金和涂层硬质合金刀片。

硬质合金的常用牌号有：

YG 类，如 YG8、YG6 和 YG3 等，分别用于粗加工、半精加工和精加工铸铁及有色金属等脆性材料，再如 YG6A 和 YG8A 可用于加工硬铸铁和不锈钢等；

YT 类，如 YT5、YT15 和 YT30 等，分别用于粗加工、半精加工和精加工钢材等韧性材料；

YW 类，如 YW1 和 YW2 等，即可用于加工铸铁、有色金属、各种钢，还可用于加工高温合金、耐热合金以及合金铸铁等难加工材料。

(2) 刀片形状的选择。刀片形状主要依据被加工工件的表面形状、切削方法、刀具寿命和刀片的转位次数等因素选择。

(3) 刀片尺寸的选择。刀片尺寸的大小取决于必要的有效切削刃长度。有效切削刃长度 L 与背吃刀量 a_p 和车刀的主偏角 κ_r 有关(见图 4-22)，使用时可查阅有关刀具手册选取。(图中 l 为切削刀长度)

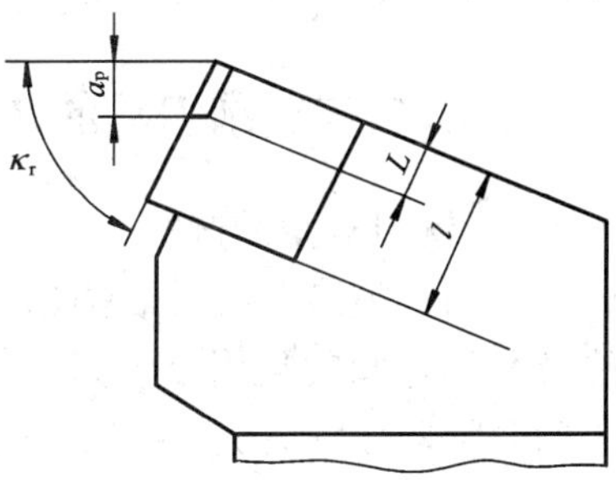

图 4-22　切削刃长度、背吃刀量与主偏角的关系

3) 常用车刀几何参数的选择

刀具切削部分的几何参数对零件的表面质量及切削性能影响极大，应根据零件的形状、刀具的安装位置以及加工方法等，正确选择刀具的几何形状及有关参数。

(1) 尖形车刀的几何参数。尖形车刀的几何参数主要指车刀的几何角度。其选择方法与使用普通车削时基本相同，但应结合数控加工的特点如走刀路线及加工干涉等进行全面考虑。

例如，车削图 4-23 所示大圆弧内表面零件时，所选择尖形内孔车刀的形状及主要几何角度如图 4-24 所示(前角为 0°)，这样刀具可将其内圆弧面和右端端面一刀车出，而避免了用两把车刀进行加工。

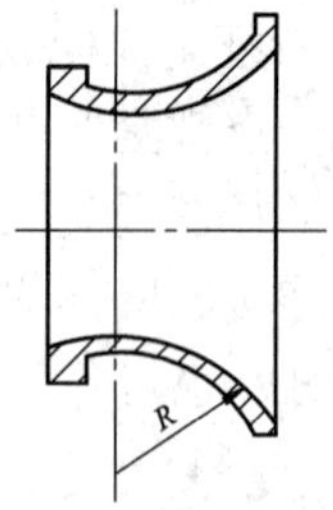

图 4-23　大圆弧面零件

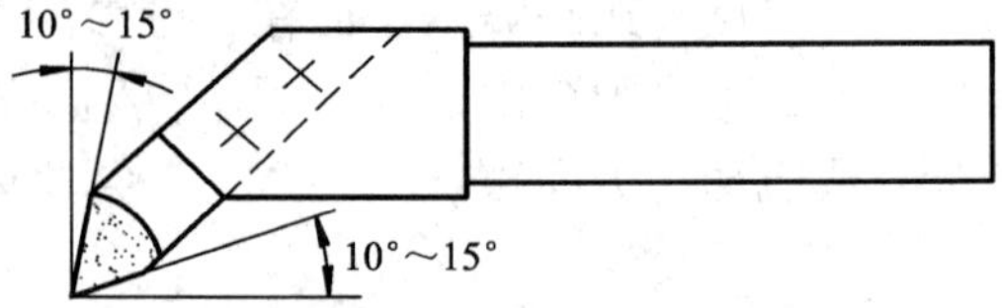

图 4-24　尖形车刀示例

(2) 圆弧形车刀的几何参数。圆弧形车刀的几何参数除了前角及后角外，主要几何参数为车刀圆弧切削刃的形状及半径。

选择车刀圆弧半径的大小时，应考虑两点：① 车刀切削刃的圆弧半径应当小于或等于零件凹形轮廓上的最小半径，以免发生加工干涉；② 该半径不宜选择得太小，否则既难于制造，还会因其刀头强度太弱或刀体散热能力差，使车刀容易受到损坏。

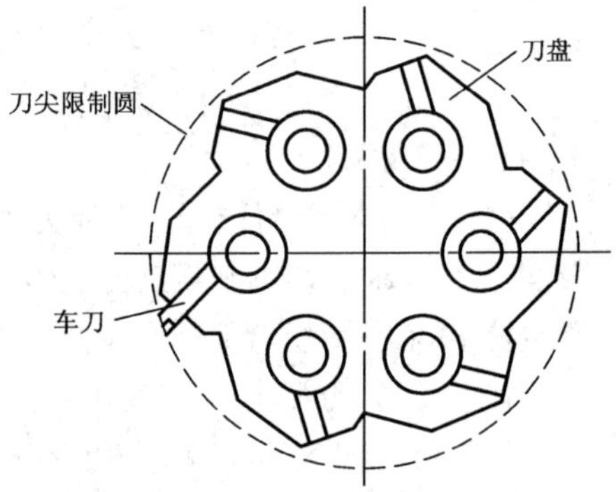

图 4-25　数控车床对车刀的限制

选择刀具还要针对所用机床的刀架结构。图 4-25 所示是一台数控车床的刀盘结构图，这种刀盘一共有 6 个刀位，每个刀位上可以在径向装刀，也可以在轴向装刀。外圆车刀通常安装在径向，内孔车刀通常安装在轴向。刀具以刀杆尾部和一个侧面定位。当采用标准尺寸的刀具时，只要定位、锁紧可靠，就能确定刀尖在刀盘上的相对位置。可见在这类刀盘结构中，车刀的柄部要选择合适的尺寸，刀刃部分要选择机夹不重磨刀具，而且刀具的长度不得超出其规定的范围，以免发生干涉现象。

(五) 数控铣削刀具的选择

1．铣刀类型的选择

铣刀类型应与工件表面形状与尺寸相适应。加工大平面应采用面铣刀；加工凸台、凹槽及平面轮廓常采用立铣刀；加工毛坯表面或粗加工孔可选用镶硬质合金的玉米铣刀；加工曲面常采用球头铣刀；加工空间曲面、模具型腔或凸模成形表面多采用模具铣刀；加工封闭的键槽应选择键槽铣刀；加工变斜角零件的变斜角面应选用鼓形或锥形铣刀；加工各种直的或圆弧形的凹槽、斜角面、特殊孔等应选用成形铣刀。图 4-26 所示为各种数控铣刀的形状。

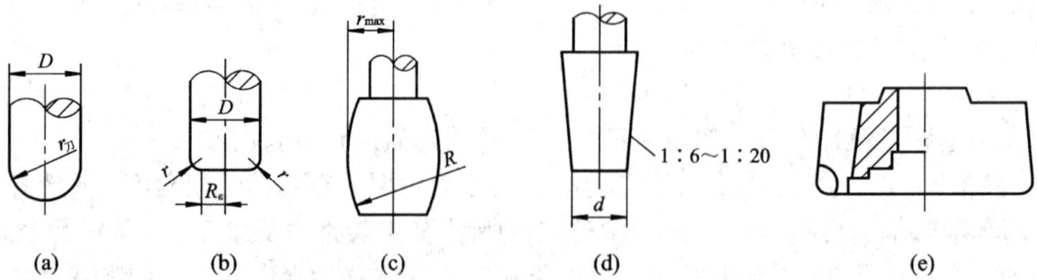

图 4-26　各种数控铣刀的形状

(a) 球头刀；(b) 环形刀；(c) 鼓形刀；(d) 锥形刀；(e) 盘形刀

2. 铣刀参数的选择

铣刀参数的选择主要考虑零件加工部位的几何尺寸和刀具的刚性等因素。数控铣床上使用最多的是可转位面铣刀和立铣刀，因此，这里重点介绍面铣刀和立铣刀参数的选择。

1) 面铣刀主要参数的选择

根据工件的材料、刀具材料及加工性质的不同来确定面铣刀几何参数。粗铣时，铣刀直径要小些，因为粗铣切削力大，选小直径铣刀可减小切削扭矩。

精铣时，铣刀直径要大些，尽量包容工件整个加工宽度，以提高加工精度和效率，减小相邻两次进给之间的接刀痕迹。

由于铣削时有冲击，故面铣刀的前角一般比车刀略小，尤其是硬质合金面铣刀，前角小得更多。铣削强度和硬度都高的材料还可用负前角。前角的数值主要根据工件材料和刀具材料来选择，其具体数值可参考表 4-1。铣刀的磨损主要发生在后刀面上，因此适当加大后角α，可减少铣刀磨损。故常取$\alpha = 5°\sim12°$，工件材料软的取大值，工件材料硬的取小值；粗齿铣刀取小值，细齿铣刀取大值。因铣削时冲击力较大，为了保护刀尖，硬质合金面铣刀的刃倾角常取$\lambda_s = -5°\sim-15°$。只有在铣削低强度材料时，取$\lambda_s = 5°$。主偏角κ_r在 5°～90°范围内选取，铣削铸铁常用 45°，铣削一般钢材常用 75°，铣削带凸肩的平面或薄壁零件时要用 90°。

表 4-1　面铣刀的前角

工件材料 / 刀具材料	钢	铸铁	黄铜、青铜	铝合金
高速钢	10°～20°	5°～15°	10°	25°～30°
硬质合金	－15°～15°	－5°～5°	4°～6°	15°

2) 立铣刀主要参数的选择

(1) 铣刀直径 D 的选择。一般情况下，为减少走刀次数，提高铣削速度和铣削量，保证铣刀有足够的刚性以及良好的散热条件，应尽量选择直径较大的铣刀。但选择铣刀直径往往受到零件材料、刚性和加工部位的几何形状、尺寸及工艺要求等因素的限制。如图 4-27 所示零件的内轮廓转接凹圆弧半径 R 较小时，铣刀直径 D 也随之较小，一般选择 $D = 2R$。若槽深或壁板高度 H 较大，则应采用细长刀具，从而使刀具的刚性变差。铣刀的刚性以铣刀直径 D 与刃长 l 的比值来表示，一般取 $D/l > 0.4\sim0.5$。当铣刀的刚性不能满足 $D/l > 0.4\sim0.5$ 的条件(即刚性较差)时，可采用直径大小不同的两把铣刀进行粗、精加工来处理。先选用直径较大的铣刀进行粗加工，然后再选用 D、l 均符合图样要求的铣刀进行精加工。

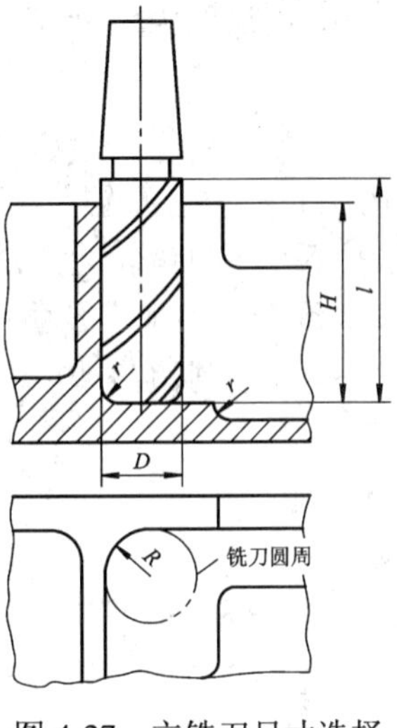

图 4-27　立铣刀尺寸选择

(2) 铣刀刃长的选择。为了提高铣刀的刚性，对铣刀的刃长应在保证铣削过程不发生干涉的情况下，尽量选较短的尺寸。一般可根据以下两种情况进行选择。

① 加工深槽或盲孔时：

$$l = H + 2$$

式中：l——铣刀刀刃长度(mm)；

H——槽深尺寸(mm)。

② 加工外形或通孔、通槽时：

$$l = H + r + 2$$

式中，r 为铣刀端刃圆角半径(mm)。

(3) 铣刀端刃圆角 r 的选择。铣刀端刃圆角 r 的大小一般应与零件上的要求一致。但粗加工铣刀因尚未切削到工件的最终轮廓尺寸，故可适当选得小些，有时甚至可选为“清角”(即 $r = 0$～0.5 mm)，但不要造成根部“过切”的现象。

(4) 立铣刀几何角度的选择。主要根据工件材料和铣刀直径选取前、后角，具体数值可参考表 4-2 选取。为了使端面切削刃有足够的强度，在端面切削刃前刀面上一般磨有棱边，其宽度 b_{r1} 为 0.4～1.2 mm，前角为 6°。

表 4-2 立铣刀前角、后角的选择

工件材料	前 角	铣刀直径/mm	后 角
铜	10°～20°	＜10	25°
铸铁	10°～15°	10～20	20°
铸铁	10°～15°	＞20	16°

按下述推荐的经验数据，选取立铣刀的有关尺寸参数，如图 4-28 所示。

(1) 刀具半径 r 应小于零件内轮廓面的最小曲率半径 ρ，一般取 $r = (0.8～0.9)\rho$。

(2) 零件的加工高度 $H \leqslant (1/4～1/6)r$，以保证刀具有足够的刚度。

(3) 对不通孔(深槽)，选取 $l = H(5～10)$ mm(l 为刀具切削部分长度，H 为零件高度)。

(4) 加工外形及通槽时，选取 $l = H + r_\varepsilon + (5～10)$ mm(r_ε 为端刃底圆角半径)。

(5) 加工肋时，刀具直径为 $D = H(5～10)b$ (b 为肋的厚度)。

(6) 粗加工内轮廓面时，铣刀最大直径 D_{max} 可按下式计算，如图 4-29 所示。

$$D_{max} = \frac{2\left[\delta \sin(\phi/2) - \delta_1\right]}{1 - \sin(\phi/2)} + D \tag{4-1}$$

式中：D——轮廓的最小凹圆角直径；

δ——圆角邻边夹角等分线上的精加工余量；

δ_1——精加工余量；

ϕ——圆角两邻边的最小夹角。

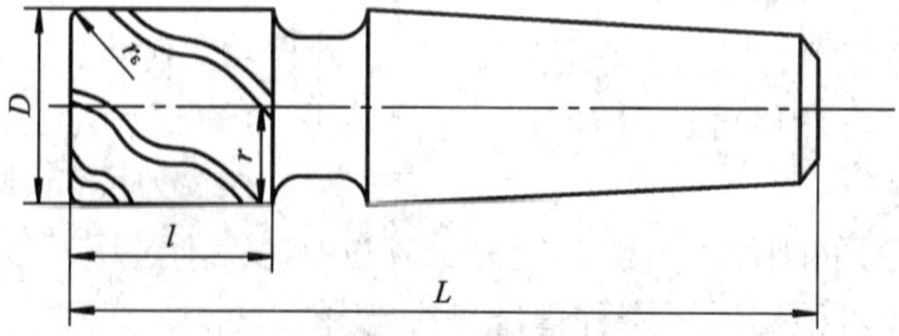

图 4-28 立铣刀的有关尺寸参数

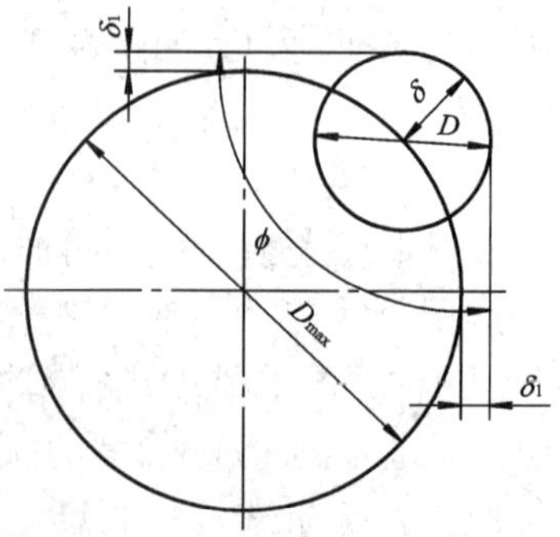

图 4-29 铣刀最大直径

(六) 加工中心刀具的选择

在加工中心上，各种刀具分别装在刀库里，按程序指令进行选刀和换刀工作。加工中心使用的刀具由成品刃具和标准刀柄组成。其中成品刃具部分与通用刀具相同，如铣刀、钻头、扩孔钻、铰刀、镗刀、丝锥等。标准刀柄要满足机床主轴的自动松开和夹紧定位，并能准确地安装各种切削刃具和适应换刀机械手的夹持等要求。加工中心的刀柄已经系列化和标准化，其锥柄和机械手抓卸部分都已有相应的标准。

成品刃具中加工型面用的各种铣刀已在前面进行了介绍，这里只介绍孔加工的方法及其刀具选择。

圆柱孔加工的方法主要有钻孔、扩孔、锪孔、镗孔、铰孔、挤孔以及磨孔和电加工、激光加工孔等。所使用的刀具主要是钻头(如中心钻、普通麻花钻和深孔钻、扁钻及套料钻等)、扩孔钻、锪钻、镗刀、铰刀以及挤柱等。孔加工用刀具的选择与普通加工中刀具的选择方法基本相同，但由于加工中心具有多种特殊性能，使部分孔加工方法及其刀具选择与普通加工中的仍有一些区别，现将较特殊部分的有关内容简述如下。

1．麻花钻

在加工中心上钻孔，普通麻花钻应用最广泛，尤其是加工ϕ30 mm 以下的孔时，以麻花钻为主。麻花钻有高速钢和硬质合金两种。

1) *麻花钻的组成*

麻花钻主要由工作部分、颈部和柄部组成，如图 4-30 所示。

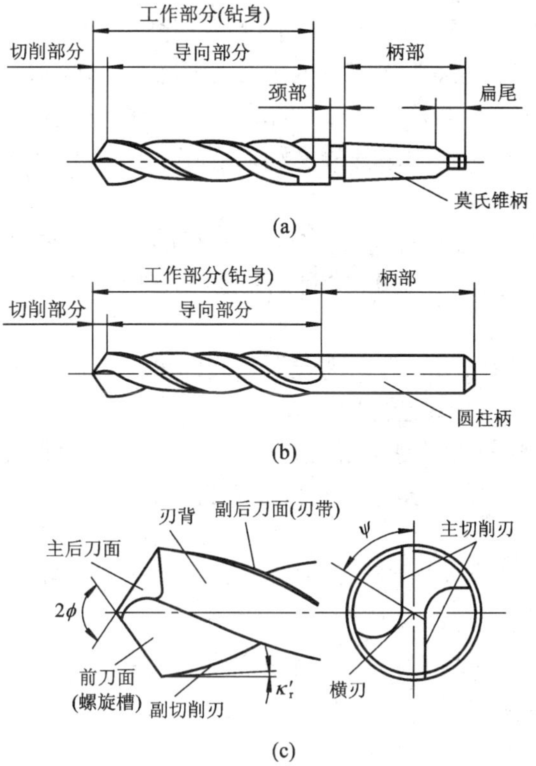

图 4-30　麻花钻的组成

(a) 锥柄麻花钻；(b) 直柄麻花钻；(c) 麻花钻的切削部分

工作部分包括切削部分和导向部分。切削部分承担切削工作，由两条主切削刃、两条副切削刃和一条横刃组成；导向部分起导向、修光、排屑和输送切削液的作用，也是切削部分的后备，它由两条对称的螺旋槽和刃带组成；两个螺旋槽是切屑流经的表面，为前刀面；与工件过渡表面(即孔底)相对的端部两曲面为主后刀面；与工件已加工表面(即孔壁)相对的两条刃带为副后刀面。前刀面与主后刀面的交线为主切削刃，前刀面与副后刀面的交线为副切削刃，两个主后刀面的交线为横刃。

颈部为工作部分和柄部的过渡，其上标有麻花钻的规格大小和商标。

柄部有莫氏锥柄和圆柱柄两种。一般直径为$\phi13\sim\phi80$ mm 的麻花钻为莫氏锥柄，可直接装在带有莫氏锥孔的刀柄内，刀具长度不能调节；直径在$\phi0.1\sim\phi13$ mm 的麻花钻多为圆柱柄，可装在钻夹头刀柄上。

麻花钻有标准型和加长型两种。为了提高钻头刚性，应尽量选用较短的钻头，但麻花钻的工作部分应大于孔深，以便排屑和输送切削液。

2) *麻花钻切削部分的主要几何角度*

(1) 顶角(2ϕ)。两主切削刃之间的夹角称为顶角。顶角的大小主要影响钻头的强度和轴向阻力。

顶角 2ϕ越大，麻花钻的强度越大，但切削时的轴向力也大。减小顶角 2ϕ，会增大主切削刃的长度，使相同条件下切削刃单位长度上的负荷减轻，切削轴向切削分力减小，容易切入工件；但过小的顶角会使钻头的强度降低。所以顶角应根据工件材料来选，较软材料可用较小的 2ϕ。标准麻花钻的顶角 $2\phi=118^\circ\pm2^\circ$。

(2) 前角。由于前刀面是螺旋面(曲面)，因此主切削刃上各点的前角是变化的：钻头外径边缘处前角最大，约为 30°左右；自外缘向中心逐渐减小，到钻头半径处，前角为零；再以内为负，靠近横刃处前角约为 -30°，横刃上的前角为 $-50^\circ\sim-60^\circ$。即前角是内小外大。

前角的大小决定着切除材料的难易程度和切屑在前刀面上的摩擦阻力。前角愈大，切削愈省力。

(3) 后角。由于后刀面也是曲面，因此主刃上各点的后角也不相等，它与前角恰恰相反，在外缘处最小($8^\circ\sim14^\circ$)，愈近中心愈大，即后角是内大外小。钻心处的后角约为 $20^\circ\sim26^\circ$，横刃处约为 $30^\circ\sim36^\circ$。

后角的作用是减少后刀面与工件切削表面之间的摩擦。后角愈小，后刀面与工件切削表面之间的摩擦愈严重，切削刃强度愈高；后角愈大，切削刃强度愈低。

(4) 横刃斜角。横刃与主切削刀在端面上投影所夹锐角称为横刃斜角。标准麻花钻的横刃斜角 ψ 为 $50^\circ\sim55^\circ$。横刃斜角愈小，横刃就愈长。横刃太长钻削时的轴向力会增大，对钻削不利。

麻花钻在钻孔时，由于钻头刚性差、易变形而会导致钻偏和将孔径扩大，故钻孔的精度仅能达到 IT12 左右；加之钻头的主切削刃全长都参加切削，各点的 v_c 不等，外边缘处 v_c 最大，切屑流速相差大，卷成螺旋形，易堵塞螺旋槽，会划伤已加工表面，因此钻孔的表面粗糙度 R_a 值仅为 12.5 μm。综上，钻孔仅属于粗加工。

2. 扩孔刀具及其选择

将工件上已有的孔(无论是铸出或锻出还是钻出的孔)扩大的加工方法叫扩孔。加工中心上进行扩孔多采用扩孔钻，也有采用镗刀扩孔的；还可使用键槽铣刀或立铣刀进行扩孔，它比用普通扩孔钻进行扩孔的加工精度高。

扩孔钻与麻花钻相似，但齿数较多，一般为 3～4 个齿，因而工作时导向性好。扩孔余量小，切削刃无需延伸到中心，所以扩孔钻无横刃，轴向力小；其螺旋槽浅，钻芯粗，所以扩孔钻的强度、刚度好，可校正原孔轴线歪斜。同时由于扩孔的余量小，切削热少，因而扩孔精度较高，表面粗糙度好。用扩孔钻加工可达到公差等级 IT11～IT10，表面粗糙度 R_a 为 6.3～3.2 μm。它可用于孔的半精加工或最终加工。扩孔时切削过程平稳，可选择较大的切削用量。因此扩孔钻的加工质量和效率均比麻花钻高。扩孔钻切削部分的材料为高速钢或硬质合金，结构形式有直柄式、锥柄式和套式等。有时扩孔钻也可用麻花钻改制。

3. 镗孔刀具及其选择

在镗床上对大、中型孔进行半精加工和精加工时称为镗孔。镗孔的尺寸精度一般可达 IT10～IT7 级，表面粗糙度 R_a 为 6.3～0.8 μm，精镗时 R_a 可达 0.4 μm。镗孔所用刀具为镗刀。镗刀的种类很多，按切削刃数量可分为单刃镗刀和双刃镗刀。

(1) 单刃镗刀。单刃镗刀只有一个刀片，使用时用螺钉装夹到镗杆上。垂直安装的刀片镗通孔，倾斜安装的镗盲孔或阶梯孔。

单刃镗刀刚性差，切削时易引起振动，为减小径向力，宜选较大的主偏角。镗铸铁孔或精镗时，常取 $\kappa_r = 90°$；粗镗钢件孔时，为提高刀具的耐用度，一般取 $\kappa_r = 60°\sim75°$。

单刃镗刀结构简单，适应性较广，通过调整镗刀片的悬伸长即可镗出直径大小不同的孔，粗、精加工都适用。但调整较麻烦，效率低，对工人操作技术要求高，只能用于单件小批生产。

(2) 微调镗刀。在加工中心上进行精镗孔时，目前较多地选用微调镗刀。如图 4-31 所示，这种镗刀的径向尺寸可以在一定范围内进行微调，调节方便，且精度高。调整尺寸时，只要转动螺母 5，与它相配合的螺杆(即刀头)就会沿其轴线方向移动。当尺寸调整好后，把螺杆尾部的螺钉 4 紧固，即可使用。

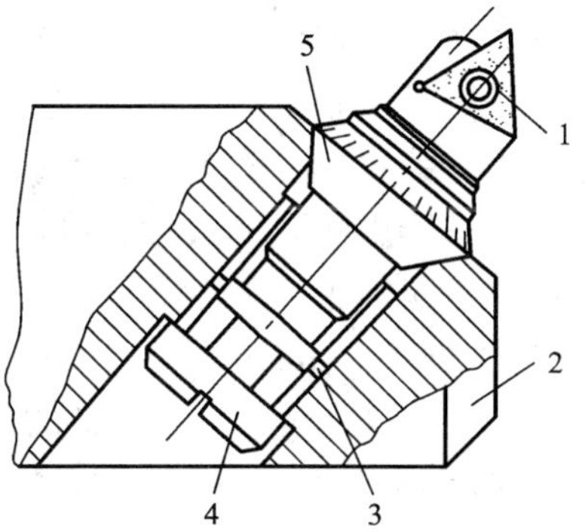

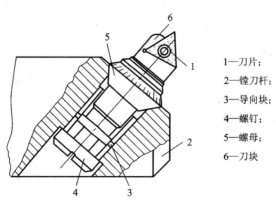

1—刀片；
2—镗刀杆；
3—导向块；
4—螺钉；
5—螺母；
6—刀块

图 4-31　微调镗刀

(3) 双刃镗刀。镗削大直径的孔可选用图 4-32 所示的双刃镗刀，这种镗刀有两个对称的切削刃同时工作，也叫镗刀块(属定尺寸刀具)。双刃镗刀的头部可以在较大范围内进行调整，且调整方便，最大镗孔直径可达 1000 mm。切削时两个对称切削刃同工作，不仅可以消除切削力对镗杆的影响，而且切削效率高。双刃镗刀的刚性好，容屑空间大，两径向力抵消，不易引起振动，其加工精度高，可获得较小的表面粗糙度。双刃镗刀仅用于大批量生产中。

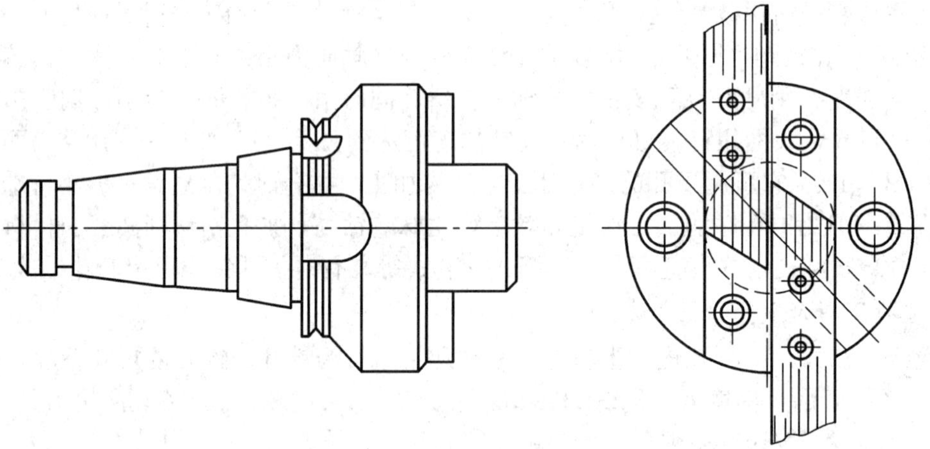

图 4-32　双刃镗刀

镗孔刀具的选择主要的问题是刀杆的刚性，要尽可能地防止或消除振动，其考虑要点如下：

(1) 尽可能选择大的刀杆直径，接近镗孔直径。

(2) 尽可能选择短的刀杆臂(工作长度)。当工作长度小于 4 倍刀杆直径时可用钢制刀杆，加工要求高的孔时最好采用硬质合金刀杆。当工作长度为 4～7 倍的刀杆直径时，小孔用硬质合金刀杆，大孔用减振刀杆。当工作长度为 7～10 倍的刀杆直径时，要采用减振刀杆。

(3) 选择主偏角(切入角κ_r)接近 90°或大于 75°。

(4) 选择涂层的刀片品种(刀刃圆弧小)和小的刀尖圆弧半径(0.2 mm)。

(5) 精加工采用正切削刃(正前角)刀片和刀具，粗加工采用负切削刃刀片和刀具。

(6) 镗深的盲孔时，采用压缩空气或冷却液来排屑和冷却。

(7) 选择正确、快速的镗刀柄夹具。

4．铰孔刀具及其选择

铰孔是用铰刀对孔进行精加工的方法。铰孔往往作为中、小孔在钻、扩后的精加工，也可用于磨孔或研孔前的预加工。但铰孔只能提高孔的尺寸精度、形状精度，减小其表面粗糙度值，而不能提高孔的位置精度，也不能纠正孔的轴心线的歪斜。一般铰孔的尺寸精度可达 IT9～IT7 级，表面粗糙度 R_a 可达 1.6～0.8 μm。

铰孔质量除与正确地选择铰削用量、冷却润滑液有关外，铰刀的选择也至关重要。

在加工中心上铰孔时，除使用普通的标准铰刀外，还常采用机夹硬质合金刀片的单刃铰刀和浮动铰刀等。

(1) 普通标准铰刀。普通标准铰刀有直柄、锥柄和套式三种。锥柄铰刀直径为 10～32 mm，直柄铰刀直径为 6～20 mm，小孔直柄铰刀直径为 1～6 mm，套式铰刀直径为 25～80 mm。

铰刀工作部分包括切削部分与校准部分。切削部分为锥形，担负主要切削工作；校准部分起导向、校正孔径和修光孔壁的作用。

标准铰刀有 4～12 齿。铰刀的齿数除与铰刀直径有关外，主要根据加工精度的要求选择。如果齿数多，则导向好；因齿间容屑槽小，故芯部粗、刚性好，铰孔能获得较高的精度。反之，如果齿数少，则铰削时稳定性差，刀齿负荷大，容易产生形状误差。铰刀齿数可参照表 4-3 选择。

表 4-3　铰刀齿数选择

铰刀直径/mm		1.5～3	3～14	14～40	＞40
齿数	一般加工精度	4	4	6	8
	高加工精度	4	6	8	10～12

(2) 机夹硬质合金刀片的单刃铰刀。如图 4-33 所示，刀片 3 通过楔套 4 用螺钉 1 固定在刀体上，通过螺钉 7、销子 6 可调节铰刀尺寸。导向块 2 可采用粘结和铜焊固定。机夹单刃铰刀不仅寿命长，而且加工孔的精度高，表面粗糙度 R_a 可达 0.7 μm，对于有内冷却通道的单刃铰刀，允许切削速度达 80 m/min。

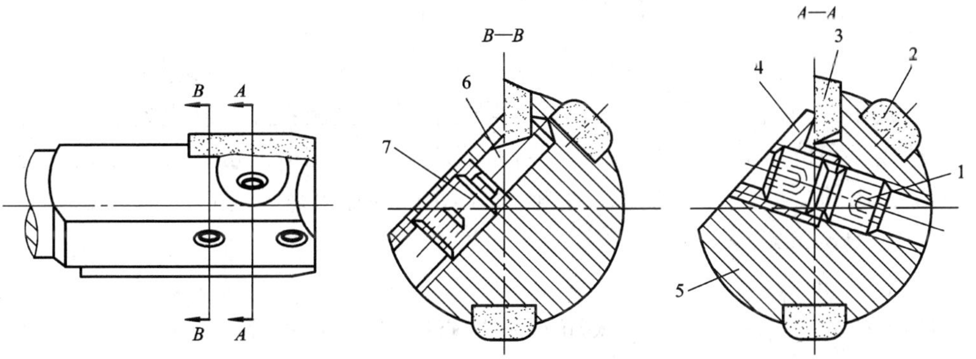

1、7—螺钉；2—导向块；3—刀片；4—楔套；5—刀体；6—销子

图 4-33　硬质合金单刃铰刀

(3) 浮动铰刀。图 4-34 所示的即为加工中心上使用的浮动铰刀。这种铰刀不仅能保证在换刀和进刀过程中刀具的稳定性，刀片不会从刀杆的长方孔中滑出，而且又能通过自由浮动准确地“定心”。由于浮动铰刀有两个对称刃，能自动平衡切削力，在铰削过程中又能自动抵偿因刀具安装误差或刀杆的径向跳动而引起的加工误差，因而加工精度稳定。浮动铰刀的寿命比高速钢铰刀高 8～10 倍，且具有直径调整的连续性。因此它是加工中心上所采用的一种比较理想的铰刀。

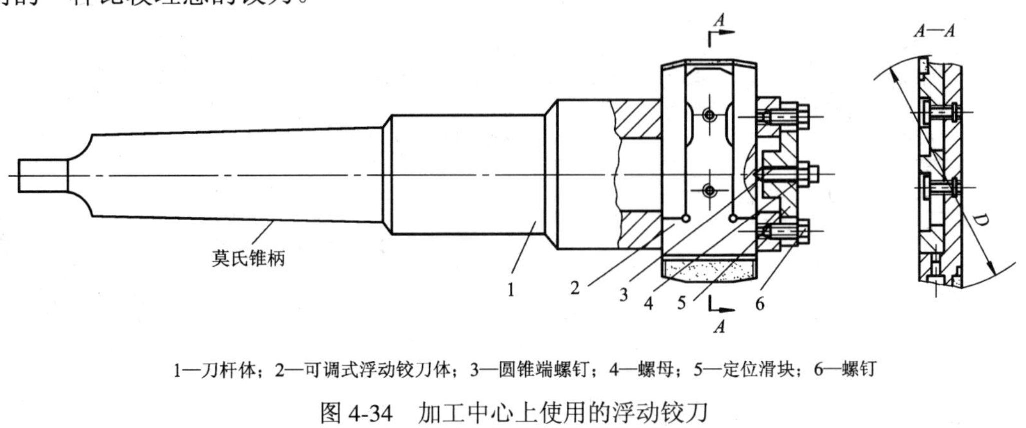

1—刀杆体；2—可调式浮动铰刀体；3—圆锥端螺钉；4—螺母；5—定位滑块；6—螺钉

图 4-34　加工中心上使用的浮动铰刀

六、切削用量的确定

对于数控机床加工来说，工件材料、切削刀具、切削用量这几个条件是决定加工时间、刀具寿命和加工质量的三大要素。要想采用经济、有效的加工方式，必须合理地选择这些切削条件。

数控机床加工中的切削用量是表示机床主体的主运动和进给运动大小的重要参数，包括切削深度、主轴转速和进给速度。选择好切削用量，使切削深度、主轴转速和进给速度三者间互相适应，形成最佳切削参数，这是工艺设计的重要内容之一。

确定每道工序的切削用量时，应根据刀具的耐用度和机床说明书中的规定去选择。也可以结合实际经验用类比法确定切削用量。选择切削用量时要充分保证刀具能加工完一个零件，或保证刀具耐用度不低于一个工作班，最少不低于半个工作班的工作时间。

1．背吃刀量 a_p 的确定

背吃刀量主要受机床刚度的限制，在机床刚度允许的情况下，应尽可能选取较大的切削深度，以减少走刀次数，提高生产效率。当零件的表面粗糙度和精度要求较高时，应考虑留出半精加工和精加工的切削余量。半精加工余量常取 0.5～2 mm；精加工余量一般比普通加工时所留出的余量小，车削和镗削加工时，常取精加工余量为 0.1～0.5 mm，铣削时，则常取为 0.2～0.8 mm。

2．主轴转速的确定

主轴转速的确定方法与普通机床加工时的方法一样，首先按零件和刀具的材料及加工性质(如粗、精切削)等条件确定其允许的切削速度。其常用的切削速度如表 4-4 所示。

表 4-4　常用切削速度 v

工序 \ 刀具材料 \ 工件材料		铸　铁		钢及其合金		铝及其合金		铜及其合金	
		高速钢	硬质合金	高速钢	硬质合金	高速钢	硬质合金	高速钢	硬质合金
车　削		—	60～100	15～25	60～110	15～200	300～450	60～100	150～200
扩	通孔	10～15	30～40	10～20	35～60	30～40	—	30～40	—
	沉孔	8～12	25～30	8～11	30～50	20～30	—	20～30	—
镗	粗镗	20～25	35～50	15～30	50～70	80～150	100～200	80～150	100～200
	精镗	30～40	60～80	40～50	90～120	150～300	200～400	150～200	200～300
铣	粗铣	10～20	40～60	15～25	50～80	150～200	350～500	100～150	300～400
	精铣	20～30	60～120	20～40	80～150	200～300	500～800	150～250	400～500
铰　孔		6～10	30～50	6～20	20～50	50～75	200～250	20～50	60～100
攻螺纹		2.5～5	—	1.5～5	—	5～15	—	5～15	—
钻　孔		15～25	—	10～20	—	50～70	—	20～50	—

切削速度除了可以参考表 4-4 中所列出的数值外，在实践中，主要根据实践经验确定。切削速度确定之后，可用下式计算主轴转速：

$$n = \frac{1000v}{\pi d} \tag{4-2}$$

式中：n ——主轴转速(r/min)；

v ——切削速度(m/min)；

d ——零件待加工表面的直径或旋转刀具的刀刃所在直径。

(1) 光车时主轴转速。光车时主轴转速应根据零件上被加工部位的直径，并结合零件和刀具的材料以及加工性质等条件所允许的切削速度来确定。切削速度除了通过计算和查表选取外，主要还是根据实践经验确定。但需要注意的是，由于交流变频调速数控车床低速输出力矩小，因而切削速度不能太低。切削速度确定之后，可用式(4-2)计算主轴转速。表 4-5 为硬质合金外圆车刀切削速度的参考值，选用时可参考选择。

表 4-5　硬质合金外圆车刀切削速度的参考值

工件材料	热处理状态	$a_p = 0.3\sim2$ mm	$a_p = 2\sim6$ mm	$a_p = 6\sim10$ mm
		$f = 0.08\sim0.3$ mm/r	$f = 0.3\sim0.6$ mm/r	$f = 0.6\sim1$ mm/r
		v_c/(m/min)	v_c/(m/min)	v_c/(m/min)
低碳钢，易切钢	热　轧	140～180	100～120	70～90
中碳钢	热　轧	130～160	90～110	60～80
	调　质	100～130	70～90	50～70
合金结构钢	热　轧	100～130	70～90	50～70
	调　质	80～110	50～70	40～60
工具钢	退　火	90～120	60～80	50～70
灰铸铁	HBS＜190	90～120	60～80	50～70
	HBS = 190～1225	80～110	50～70	40～60
高锰钢 W_{Mn} 13%			10～20	
铜及铜合金		200～250	120～180	90～120
铝及铝合金		300～600	200～400	150～200
铸铝合金 W_{Si} 13%		100～180	80～150	60～100

注：切削钢及灰铸铁时刀具耐用度约为 60 min。

(2) 车螺纹时主轴转速。车螺纹时，车床的主轴转速受螺纹的螺距(或导程)大小、驱动电动机的升降频特性及螺纹插补运算速度等多种因素影响，故对于不同的数控系统，应有不同的主轴转速选择范围。如大多数经济型车床数控系统推荐车螺纹时的主轴转速如下：

$$n \leqslant \frac{1200}{P} - k \tag{4-3}$$

式中：P ——工件螺纹的螺距或导程(mm)；

k ——保险系数，一般取为 80。

3．进给速度的确定

进给速度是指在单位时间内，刀具沿进给方向移动的距离。绝大多数的数控车床、铣床、镗床和钻床等，都规定其进给速度的单位为 mm/min。但有些数控机床却以进给量(*f*)表示其进给速度，如有的数控车床规定其进给速度的单位为 mm/r；又如数控刨床及插床则规定以工件或刀具每往复运动一次时，两者沿进给方向的相对位移为其进给速度(实际也是进给量)，其单位是 mm/(d・str)(毫米/每往复行程)。

1) 确定进给速度的原则

(1) 当工件的质量要求能够得到保证时，为提高生产率，可选择较高(2000 mm/min 以下)的进给速度。

(2) 切断、精加工(如顺铣)、深孔加工或用高速钢刀具切削时，宜选择较低的进给速度，有时还需选择极小的进给速度。

(3) 空行程运动，特别是远距离“回零”时，可以设定尽量高的进给速度。

(4) 切削时的进给速度应与主轴转速和背吃刀量相适应。

2) 进给速度的计算

(1) 每分钟进给速度的计算。进给速度(*F*)包括 *X* 向、*Y* 向和 *Z* 向的进给速度(即 F_X、F_Y 和 F_Z)，其计算公式为：

$$F = nf \tag{4-4}$$

式中：F——进给速度(mm/min)；

f——进给量(mm/r)；

n——工件或刀具的转速(r/min)。

式中的进给量 f 指刀具在进给运动方向上相对工件的每转位移量，其量值大小应根据其他几项切削用量、刀具状况和机床功率等方面进行综合考虑，粗车时一般取为 0.3～0.8 mm/r，精车时常取为 0.1～0.3 mm/r，切断时常取为 0.05～0.2 mm/r。表 4-6 和表 4-7 分别为硬质合金车刀粗车外圆、端面的进给量参考值和半精车、精车的进给量参考值，供参考选用。

(2) 每转进给速度的换算。每转进给速度(mm/r)与每分钟进给速度可以相互进行换算，其换算公式为：

$$\text{mm/r} = \frac{\text{mm / min}}{n}$$

3) 合成进给速度的确定

合成进给速度是指刀具相对于工件在给定的运动平面上或三维空间内作合成(斜线、圆弧及非圆曲线插补等)运动时的速度。

给定运动平面上的合成进给速度，其量值分别由下式计算：

$$F_{XY} = \sqrt{{F_X}^2 + {F_Y}^2}$$

$$F_{ZX} = \sqrt{{F_Z}^2 + {F_X}^2}$$

$$F_{YZ} = \sqrt{{F_Y}^2 + {F_Z}^2}$$

表 4-6　硬质合金车刀粗车外圆及端面的进给量

工件材料	车刀刀杆尺寸 $B \times H$/mm	工件直径 d_w/mm	背吃刀量 a_p/ mm				
			≤3	>3～5	>5～8	>8～12	>12
			进给量 f/ (mm/r)				
碳素结构钢、合金结构钢及耐热钢	16×25	20	0.3～0.4	—	—	—	—
		40	0.4～0.5	0.3～0.4	—	—	—
		60	0.5～0.7	0.4～0.6	0.3～0.5	—	—
		100	0.6～0.9	0.5～0.7	0.5～0.6	0.4～0.5	—
		400	0.8～1.2	0.7～1.0	0.6～0.8	0.5～0.6	—
	20×30 25×25	20	0.3～0.4	—	—	—	—
		40	0.4～0.5	0.3～0.4	—	—	—
		60	0.5～0.7	0.5～0.7	0.4～0.6	—	—
		100	0.8～1.0	0.7～0.9	0.5～0.7	0.4～0.7	—
		400	1.2～1.4	1.0～1.2	0.8～1.0	0.6～0.9	0.4～0.6
铸铁及铜合金	16×25	20	0.4～0.5	—	—	—	—
		60	0.5～0.8	0.5～0.8	0.4～0.6	—	—
		100	0.8～1.2	0.7～1.0	0.6～0.8	0.5～0.7	—
		400	1.0～1.4	1.0～1.2	0.8～1.0	0.6～0.8	—
	20×30 25×25	20	0.4～0.5	—	—	—	—
		40	0.5～0.9	0.5～0.8	0.4～0.7	—	—
		100	0.9～1.3	0.8～1.2	0.7～1.0	0.5～0.8	—
		400	1.2～1.8	1.2～1.6	1.0～1.3	0.9～1.1	0.7～0.9

注：① 加工断续表面及有冲击的工件时，表内进给量应乘系数 $k = 0.75$～0.85；

② 在无外皮加工时，表内进给量应乘系数 $k = 1.1$；

③ 加工耐热钢及其合金时，进给量不大于 1 mm/r；

④ 加工淬硬钢时，进给量应减小。当钢的硬度为 44～56 HRC 时，乘系数 $k = 0.8$；当钢的硬度为 57～62 HRC 时，乘系数 $k = 0.5$。

表 4-7　按表面粗糙度选择进给量的参考值

工件材料	表面粗糙度 R_a/μm	切削速度范围 v_c/(m/min)	刀尖圆弧半径 r_ε/mm		
			0.5	1.0	2.0
			进给量 f/ (mm/r)		
铸铁、青铜、铝合金	>5～10	不限	0.25～0.40	0.40～0.50	0.50～0.60
	>2.5～5		0.15～0.25	0.25～0.40	0.40～0.60
	>1.25～2.5		0.10～0.15	0.15～0.20	0.20～0.35
碳钢及铝合金	>5～10	<50	0.30～0.50	0.45～0.60	0.55～0.70
		>50	0.40～0.55	0.55～0.65	0.65～0.70
	>2.5～5	<50	0.18～0.25	0.25～0.30	0.30～0.40
		>50	0.25～0.30	0.30～0.35	0.30～0.50
	>1.25～2.5	<50	0.10	0.11～0.15	0.15～0.22
		50～100	0.11～0.16	0.16～0.25	0.25～0.35
		>100	0.16～0.20	0.20～0.25	0.25～0.35

注：$r_\varepsilon = 0.5$ mm，用于 12 mm×12 mm 以下刀杆；$r_\varepsilon = 1$ mm，用于 30 mm×30 mm 以下刀杆；$r_\varepsilon=2$ mm，用于 30 mm×45 mm 及以上刀杆。

由于计算合成进给速度比较麻烦，特别是对三维空间内运动的合成速度，其计算过程更加繁琐，因此，除特别需要外，在编制加工程序时，大多凭实践经验或由类比法确定，也可通过试切法确定。

表 4-8～表 4-15 列出了有关切削用量，可供选择时参考。

表 4-8　铣刀每齿进给量 f_z

工件材料	f_z/(mm/z)			
	粗　铣		精　铣	
	高速钢铣刀	硬质合金铣刀	高速钢铣刀	硬质合金铣刀
钢	0.10～0.15	0.10～0.25	0.02～0.05	0.10～0.15
铸铁	0.12～0.20	0.15～0.30		

表 4-9　铣削时的切削速度

工件材料	硬度/HBS	切削速度 v_c/(m/min)	
		高速钢铣刀	硬质合金铣刀
钢	＜225	18～42	66～150
	225～325	12～36	54～120
	325～425	6～21	36～75
铸铁	＜190	21～36	66～150
	190～260	9～18	45～90
	160～320	4.5～10	21～30

表 4-10　普通高速钢钻头钻削速度参考值

工件材料	低碳钢	中、高碳钢	合金钢	铸铁	铝合金	铜合金
钻削速度	25～30	20～25	15～20	20～25	40～70	20～40

表 4-11　高速钢钻头加工铸铁的切削用量

材料硬度 / 切削用量 / 钻头直径/mm	160～200 HBS		200～300 HBS		300～400 HBS	
	v_c/(m/min)	f/(mm/r)	v_c/(m/min)	f/(mm/r)	v_c/(m/min)	f/(mm/r)
1～6	16～24	0.07～0.12	10～18	0.05～0.1	5～12	0.03～0.08
6～12	16～24	0.12～0.2	10～18	0.1～0.18	5～12	0.08～0.15
12～24	16～24	0.2～0.4	10～18	0.18～0.25	5～12	0.15～0.2
22～50	16～24	0.4～0.8	10～18	0.25～0.4	5～12	0.2～0.3

注：采用硬质合金钻头加工铸铁时取 v_c =20～30 m/ min。

表 4-12　高速钢钻头加工钢件的切削用量

材料硬度 / 切削用量 / 钻头直径/mm	σ_b = 520～700 MPa (35、45 钢)		σ_b = 700～900 MPa (15Cr、20Cr 钢)		σ_b = 1000～1100 MPa (合金钢)	
	v_c/(m/min)	f/(mm/r)	v_c/(m/min)	f/(mm/r)	v_c/(m/min)	f/(mm/r)
1～6	8～25	0.05～0.1	12～30	0.05～0.1	8～15	0.03～0.08
6～12	8～25	0.1～0.2	12～30	0.1～0.2	8～15	0.08～0.15
12～24	8～25	0.2～0.3	12～30	0.2～0.3	8～15	0.15～0.25
22～50	8～25	0.3～0.45	12～30	0.3～0.45	8～15	0.25～0.35

表 4-13　高速钢铰刀铰孔的切削用量

材料硬度 / 切削用量 / 钻头直径/mm	铸　铁		钢及合金钢		铅铜及其合金	
	v_c/(m/min)	f/(mm/r)	v_c/(m/min)	f/(mm/r)	v_c/(m/min)	f/(mm/r)
6～10	2～6	0.3～0.5	1.2～5	0.3～0.4	8～12	0.3～0.5
10～15	2～6	0.5～1	1.2～5	0.4～0.5	8～12	0.5～1
15～25	2～6	0.8～0.15	1.2～5	0.5～0.6	8～12	0.8～0.15
25～40	2～6	0.8～0.15	1.2～5	0.4～0.6	8～12	0.8～0.15
40～60	2～6	1.2～1.8	1.2～5	0.5～0.6	8～12	1.5～2

注：采用硬质合金铰刀铰铸铁时取 $v_c = 8～10$ m/min，铰铝时取 $v_c = 12～15$ m/min。

表 4-14　镗孔切削用量

工序	刀具材料 / 切削用量 / 工件材料	铸　铁		钢		铝及其合金	
		v_c/(m/min)	f/(mm/r)	v_c/(m/min)	f/(mm/r)	v_c/(m/min)	f/(mm/r)
粗镗	高速钢 硬质合金	20～25 35～50	0.4～1.5	15～30 50～70	0.35～0.7	100～150 100～250	0.5～0.15
半精镗	高速钢 硬质合金	20～35 50～70	0.15～0.45	15～50 95～135	0.15～0.45	100～200	0.2～0.5
精镗	高速钢 硬质合金	70～90	D1 级<0.08 D 级 0.12～0.15	100～135	0.12～0.15	150～400	0.06～0.1

注：当采用高精度的镗头镗孔时，由于余量较小，直径余量不大于 0.2 mm，切削速度可提高一些，铸铁件为 100～150 m/min，钢件为 150～250 m/min，铝合金为 200～400 m/min，巴氏合金为 250～500 m/min。进给量可在 0.03～0.1 mm/r 范围内。

表 4-15　攻螺纹切削用量

加工材料	铸　铁	钢及其合金	铝及其合金
v_c/(m/min)	2.5～5	1.5～5	5～15

4.3　填写数控加工技术文件

填写数控加工专用技术文件是数控加工工艺设计的内容之一。这些技术文件既是数控加工和产品验收的依据，也是操作者遵守、执行的规程。技术文件是对数控加工的具体说明，目的是让操作者更明确加工程序的内容、装夹方式、各个加工部位所选用的刀具及其他问题。

数控加工技术文件主要有：数控编程任务书、工件安装和原点设定卡片、数控加工工序卡片、数控加工走刀路线图、数控刀具卡片等。不同的机床或不同的加工目的可能会需要不同形式的数控加工专用技术文件。文件格式各企业不尽相同，但主要内容却是必不可少的。在课程设计中，我们要求学生重点填写机械加工工艺过程卡和数控加工工序卡(含走刀路线图)，具体格式如下：

四川工程职业技术学院	产品型号	机械加工工艺过程	零件编号		第 页
			零件名称		共 页

材料	名称	型号及规格	毛坯种类	毛坯尺寸	毛重/kg						
					净重/kg						

序号	工序名称	工序内容	设备	工艺装备名称与编号				工时定额(小时)		
				夹具	量具	刃具	辅具	准备	操作	单件

修改记录	标记					学生班级	学生姓名	指导教师	完成日期
	签名								

四川工程职业技术学院	数控加工工序卡	零件名称		零件编号	

工序名称			工序号
设备	编号		
	型号		
	名称		
夹具	编号		
	名称		
定额			
每批件数			
单件时间(小时)			
工人级别			
学生班级	学生姓名		日期

序号	工步内容	刀具及辅具				量具				切削用量				机动时间（小时）	辅助时间（小时）
		编号	名称	规格	数量	编号	名称	规格	数量	a_p	f	v_c	n		

第五章　数控加工程序设计

普通机床加工，在加工前必须先由工艺人员制定零件加工工艺规程(即工艺设计)。在工艺规程中规定加工顺序、切削参数以及所用的机床、工艺装备等内容，然后按工艺规程进行加工。在数控机床上加工时，同样必须有一个程序编制(即程序设计)的问题。程序编制是将零件加工的工艺顺序、刀具运动轨迹与方向、刀具的位移量、工艺参数及辅助动作等按顺序用规定的代码和程序格式编成加工程序单，再将程序输入数控装置，从而控制数控机床加工。由此可见，要实现数控加工，除了需制定出合理的数控加工工艺外，还必须编制出正确的加工程序，这是实现数控加工的关键。

5.1　程序编制的方法和步骤

一、图纸及工艺处理

在编制数控加工的程序时，首先要研究零件图纸、零件机械加工工艺规程及数控加工工艺、材料、数控加工前工件状况(数控加工毛坯)及数控加工后还有无其他工艺要求等，明确加工内容及要求，确定走刀路线和加工用量等。

二、进行数值计算

根据零件图纸的要求，按照已确定的加工路线和程序编制误差，计算出数控机床所需的输入数据，称为数值计算。数值计算的内容包括基点和节点的计算、刀具中心运动轨迹的计算及其他辅助计算。

三、编写程序单

根据计算出的数值和已确定的走刀顺序、切削参数、刀具号及辅助功能(如主轴正反转、冷却液使用等)，按照规定的指令代码和程序格式逐段编写程序单。

四、程序输入、校验和试切削

将程序单上的内容直接输入数控装置进行机床的空运转检查，在具有图形显示功能的数控机床上先用模拟刀具和工件切削过程的动态图形检查编程正确与否，将使效果更佳。如发现错误，立即分析原因，并进行修改，然后进行试切削。

上述编制程序的过程离不开人的手工工作，所以称为手工编程。当加工程序不多，计算不太复杂时，手工编程经济方便，因此应用十分广泛。当加工具有非圆曲线等复杂表面时，计算工作量很大，编程十分复杂繁琐，出错率很高，此时可借助计算机和专用的编程语言进行自动编程。关于自动编程的详细内容，可参阅有关文献。

5.2 手工编程技巧

一、衡量程序的标准

衡量程序好坏的标准是：设计质量高，加工效果好，通用性较强，编制时间短。

(1) 设计质量高。程序设计的思路应正确，程序内容应简单、明了；占用存储器内存小；加工轨迹、切削参数选择合理。

(2) 加工效果好。该程序加工出的零件要达到图纸要求，操作要简单，调试方便，加工效率较高。

(3) 通用性较强　该程序除了加工某个零件外，还能对加工与其相似的其他零件有参考价值，或稍加修改就能应用。这样可提高成组零件的编程能力。

(4) 编制时间短。一个程序在编制和调试上所花费的时间不能太长，否则可能会耽误生产，造成不应有的损失。

二、辅助编程功能的灵活应用

1. 灵活应用子程序功能

(1) 子程序的定义。在编制加工程序中，有时可能会遇到一组程序段在一个程序中多次出现，或在几个程序中都要用它。这组程序可以单独命名做成固定程序，这组单独命名的程序段就称为子程序。

(2) 目的和作用。应用子程序可以减少不必要的重复编程，从而达到减化编程的目的。主程序可以调用子程序，一个子程序也可以调用下一级的子程序。子程序必须在主程序结束指令后建立，其作用相当于一个固定循环。

(3) 子程序的调用。在主程序中，调用子程序的指令是一个程序段，其格式随具体的数控系统而定，FANUC-0i 系统子程序调用格式为

M98 P ××× ××××

其中：M98 为子程序调用指令；P 后的前 3 位数字为子程序被重复调用的次数，当不指定重复次数时，子程序只调用一次；后 4 位数字为子程序号。

由此可见，子程序由程序调用指令、调用次数和子程序号组成。

(4) 子程序的返回。子程序返回主程序用指令 M99，它表示子程序运行结束，请求返回到主程序。

(5) 子程序的嵌套。子程序调用下一级子程序称为嵌套。上一级子程序和下一级子程序的关系，与主程序和第一层子程序的关系相同。子程序可以嵌套多少层由具体的数控系统决定，在 FANUC-0i 系统中，最多可有四层。

下面举例说明子程序的编程方法。

如图 5-1 所示为车削不等距槽的示例。对等距槽采用循环比较简单，而不等距槽采用调用子程序较为简单。

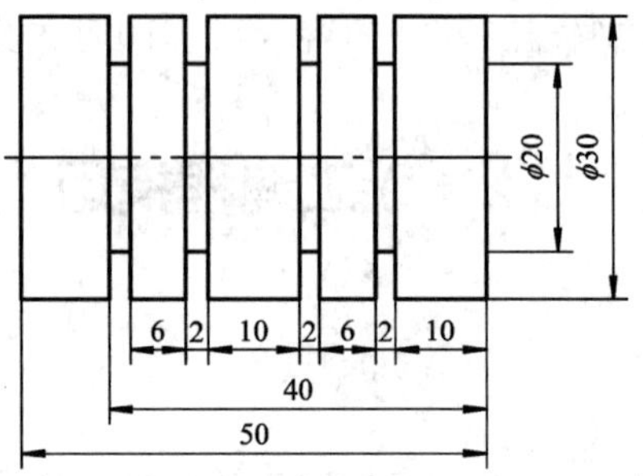

图 5-1　子程序的应用

已知：毛坯直径为φ32 mm，长度为 77 mm，一号刀为外圆车刀，三号刀为切断刀，其宽度为 2 mm。加工程序如下：

主程序：

```
%
O1001
N001  G50  X150.0  Z100.0;
N002  T0101;
N003  M03  S800  M08;
N004  G00  X35.0  Z0;
N005  G01  X0  F0.3;
N006  G00  X30.0  Z2.0;
N007  G01  Z－55.0  F0.3;
N008  G00  X150.0  Z100.0  T0100;
N009  T0303;
N0010  X32.0  Z0  T03;
N0011  M98  P2  0015;
N012  G00  W－12.0;
N013  G01  X0  F0.12;
N014  G04  X2.0;
N015  G00  X150.0  Z100.0  M09;
N016  M30;
%
```

子程序：

```
O0015
N101  G00  W－12.0;
N102  G01  U－12.0  F0.15;
N103  G04  X1.0;
N104  G00  U12;
N105  W－8;
N106  G01  U－12  F0.15;
N107  G04  X1.0;
N108  G00  U12;
N109  M99;
```

上例中 N009 程序段即为子程序调用，而 O0015 即为子程序。

2. 合理运用镜像、固定循环、坐标轴旋转等功能

(1) 镜像功能。镜像功能可用于对称切削。可以是上下对称、左右对称，也可以与某一直线对称。使用镜像功能会使数控程序简单清晰。

(2) 固定循环功能。利用固定循环功能可大大简化程序。数控装置预先存储有镗孔、钻深孔、攻螺纹等多种固定循环动作的加工程序，用户只要输入相应的参数就能进行这些工序的加工。例如，操作人员只要输入刀具空行程的长度和螺孔的深度，用一条加工指令就能够完成攻螺纹切削。

(3) 坐标轴旋转功能。当工件不便与机床的控制坐标平行安装时，利用这个功能就能照样按照编程时的坐标系进行正确加工。

(4) 点、线、圆弧的几何定义功能。利用这一功能可以确定由 CNC 系统计算出点、线和圆弧。这些点、线、圆弧是继续执行程序所需要的，却又不能直接从图纸上得到。

(5) 参数指令。现代数控系统广泛采用参数指令，将输入的数据用参数代替。参数可以由各种运算产生，参数指令可用来实现多种复杂的编程功能。

(6) 用户宏功能。用户借助宏功能中类似计算机程序设计的技巧，根据自己的需要，可编制出各种特殊类型的循环加工程序，例如变螺距的螺纹切削，棒料和型材的轴向和径向断续切削等。用户宏功能是通过子程序调用指令、参数指令和宏指令这三种指令的组合应用来实现的。所谓宏指令，实际就是一些常用的算术运算、三角函数、逻辑运算指令和计算机语言中的转移指令等。宏指令的作用就是供用户对参数进行运算，以简化程序的编制，提高编程的灵活性和程序质量。如 FANUC-11M 和西门子 SMC 等系统都具有类似功能特征的编程，这种功能有时也称为“自由编程”。

5.3 手工编程应注意的问题

一、合理确定加工路线

对点位加工的数控机床，如钻、镗床，要考虑尽可能缩短进给路线，以减少空行程时间。在车削和铣削零件时，应尽量避免径向切入和切出。空间曲面加工中，进给路线的选择要使得加工面的表面粗糙度好。

二、合理处理程序编制中的误差

程序编制的允许误差(简称编程误差)是计算和检查零件轮廓节点的主要原始数据之一，零件图样所给的公差是数控机床加工零件时必须保证的技术要求。数控机床的加工误差，主要由控制系统误差、伺服驱动系统误差、零件的定位误差、对刀误差、刀具和机床系统弹性变形误差以及编程误差等部分所组成。应尽可能减小编程误差，一般将它取为工件允差的 1/5～1/10。

编程误差 S_p 由三部分组成，即

$$S_p = f(\Delta a，\Delta b，\Delta c)$$

式中：Δa 为用近似计算法逼近零件轮廓时产生的误差(又称一次逼近误差)，它出现在用直线或圆弧去逼近零件轮廓的情况，当用近似方程式去拟合列表曲线时，方程式所表示的形状与零件原始轮廓之间的差值也是一种误差(或称拟合误差)，但是因为零件轮廓原始形状是未知的，所以这个误差往往很难确定；Δb 为插补误差，它表示插补加工出的线段(例如直线、圆弧等)与理论线段的误差，这项误差与数控系统的插补功能即插补算法及其某些参数有关；Δc 为圆整误差，它表示在编程中，因数据处理、小数圆整而产生的误差。对圆整误差的处理要特别注意，不然会产生较大的累积误差，从而导致编程误差增大。因此，应采取较为合理的圆整方法，如用“累计进位”法代替传统的四舍五入法，可以避免产生累积误差。

三、零件尺寸公差对编程的影响

在数控编程中，常常对如图 5-2 所示零件要求的尺寸取其最大和最小极限尺寸的平均值(即“中值”，如图 5-3 所示)作为编程的尺寸依据，以保证零件加工后的尺寸精度要求。

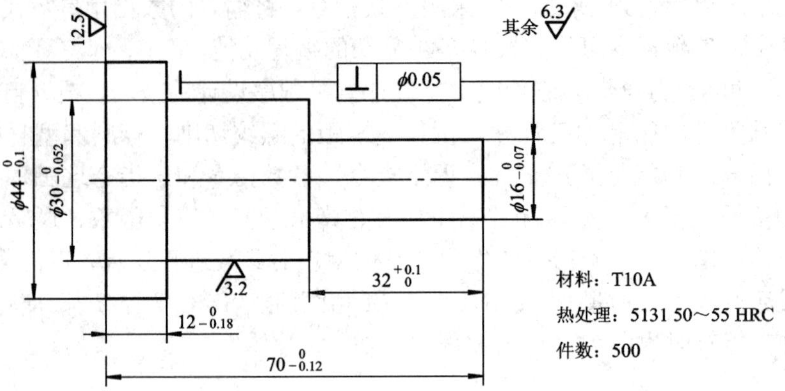

图 5-2　轴的零件图

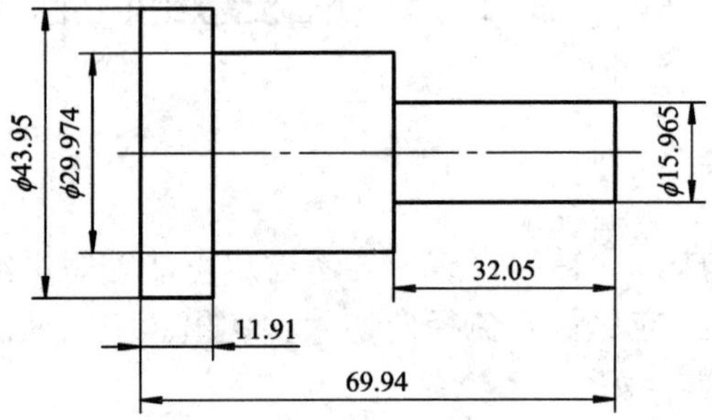

图 5-3　轴的中值尺寸

同样，在数控铣削编程中，往往由于零件各处尺寸的公差带不同，若采用同一把铣刀，并用同一个刀具半径补偿值按基本尺寸编程加工，就很难保证各处尺寸在其公差范围之内。因此也必须将图 5-2 中所有非对称公差带的标注尺寸均改为中值尺寸，如图 5-4 所示。

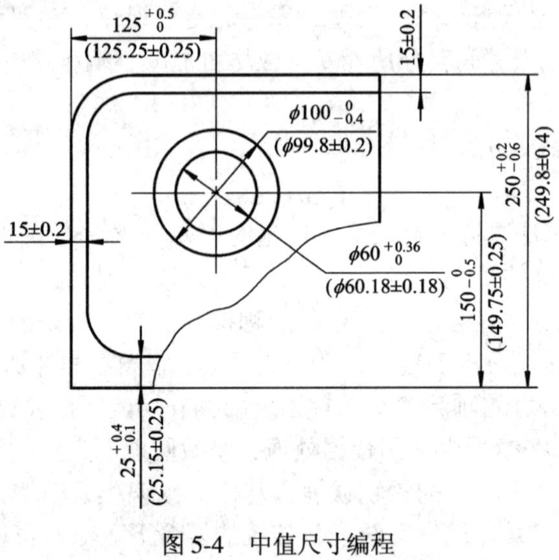

图 5-4　中值尺寸编程

四、不同类型的零件应选择不同的加工方法

1. 平面孔系零件的加工

平面孔系零件的孔数较多或孔位精度要求较高时，宜用点位直线控制的数控钻床或镗床加工。这样不仅可以减轻工人的劳动强度，提高生产率，而且还易于保证精度。这类零件加工时，孔系的定位可采用快速运动。

在编制此类零件的加工程序时，应尽可能应用子程序调用的方法来减少程序段的数量，以减小加工程序的长度和提高加工的可靠性。

2. 旋转体类零件的加工

旋转体类零件用数控车床或数控磨床来加工。由于车削零件毛坯多为棒料或锻坯，加工余量较大且不均匀，因此在编程中，粗车的加工线路往往是要考虑的主要问题。

影响数控车削加工的其他因素还很多，必须根据具体情况确定合理的工艺方案，才能收到好的效果。

3. 平面轮廓零件的加工

平面轮廓零件的轮廓多由直线和圆弧组成，一般在两坐标联动的铣床上用半径为 R 的立铣刀加工。当数控系统具有刀具半径补偿功能时，可按其零件轮廓编程；当数控系统不具备刀具半径补偿功能时，则应按刀具中心轨迹编程。

为保证加工平滑，应增加切入和切出程序段。若平面轮廓为非圆曲线时，可用圆弧或直线去逼近。

4. 立体轮廓表面的加工

立体曲面加工时，根据曲面形状、机床功能、刀具形状以及零件的精度要求有不同的加工方法。

(1) 在三坐标控制两坐标两联动的机床上，用“行切法”进行加工。即以 X、Y、Z 三轴中任意两轴作插补运动，第三轴作周期性进给，刀具采用球头铣刀。如图 5-5 所示，在 X 向分为若干段，球头铣刀沿 YZ 平面的曲线进行插补加工。当一段加工完后进给 ΔX，再加工另一相邻曲线，如此依次用平面曲线来逼近整个曲面。其中 ΔX 根据表面粗糙度的要求及刀头的半径选取，球头铣刀的球半径应尽可能选得大一些，以利于降低表面粗糙度 R_a 值，增加刀具刚度和散热性能。但在加工凹面时，球头半径必须小于被加工曲面的最小曲率半径。

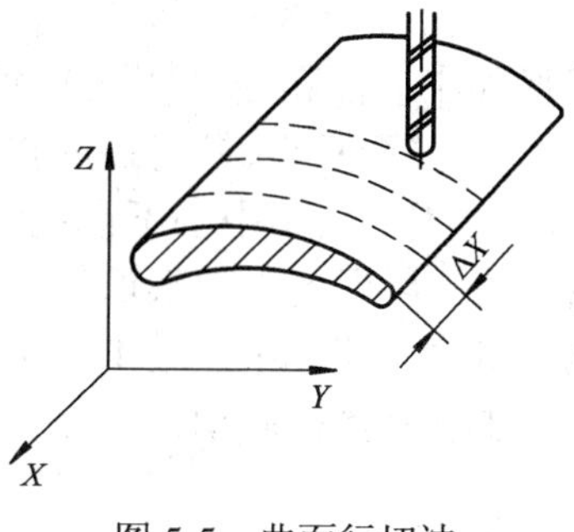

图 5-5　曲面行切法

(2) 三坐标联动加工。图 5-6 为内循环滚珠螺母的回珠器示意图，其滚道母线 SS'为一空间曲线，它可用空间直线去逼近，因此，可在有空间直线插补功能的三坐标联动机床上加工。但其编程计算较复杂，加工程序可采用自动编程系统来编制。

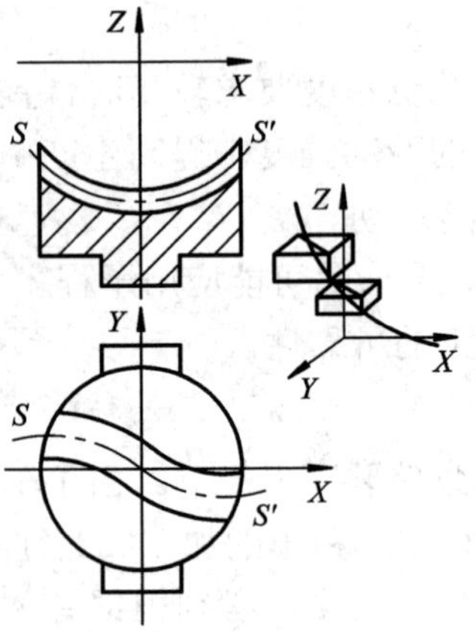

图 5-6　三坐标加工

(3) 四坐标联动加工。如图 5-7 所示的飞机大梁，它的加工表面是直纹扭曲面，若采用三坐标联动机床和球头铣刀加工，不但生产率低，而且零件的表面粗糙度也很差。为此，可采用圆柱铣刀周边切削方式，在四坐标机床上加工，除了三个移动坐标的联动外，为保证刀具与工件型面在全长上始终贴合，刀具还应绕 O_1(或 O_2)作摆动联动。由于摆动运动，导致直线移动坐标需作附加运动，其附加运动量与摆动中心 O_1(或 O_2)的位置有关，因此编程计算比较复杂。

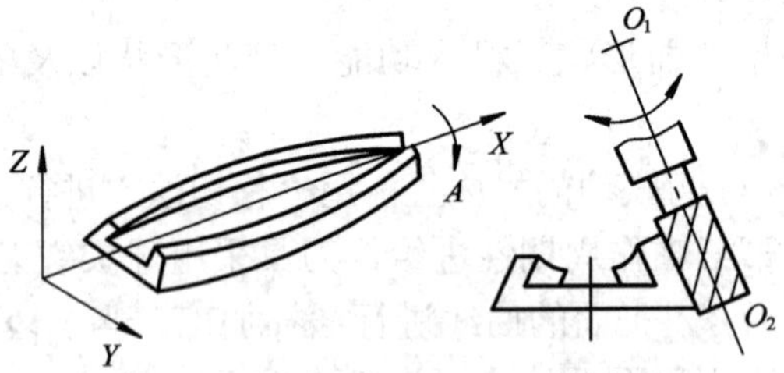

图 5-7　四坐标加工

(4) 五坐标联动加工。船用螺旋桨是五坐标联动加工的典型零件之一，其叶片形状及加工原理如图 5-8 所示。半径为 R_i 的圆柱面与叶面的交线为螺旋线的一部分，螺旋角为 φ_i，叶片的径向叶型线(轴向剖面)EF 的倾角 α 称为后倾角。由于叶面的曲率半径较大，常用面铣刀进行加工以提高生产率和降低加工表面粗糙度值。叶面的螺旋线可用空间直线进行逼近，为了保证面铣刀的端面与曲面的切平面重合，铣刀还应作螺旋角 φ_i(坐标 A)与后倾角 α(坐标 B)的摆动运动。由于机床结构的原因，摆角中心不在铣刀端平面的中心，故在摆动运动的同时，还应作相应的附加直线运动，以保证铣刀端面位于切削的位置。当半径为 R_i 上的一条叶型线加工完毕后，改变 R_i，再加工相邻的一条叶型线，依次逐一加工，即可形成整个叶面。综上分析，叶面的加工需要五个坐标联动，即 X，Y，Z，A，B。这种加工的编程计算就更为复杂了。

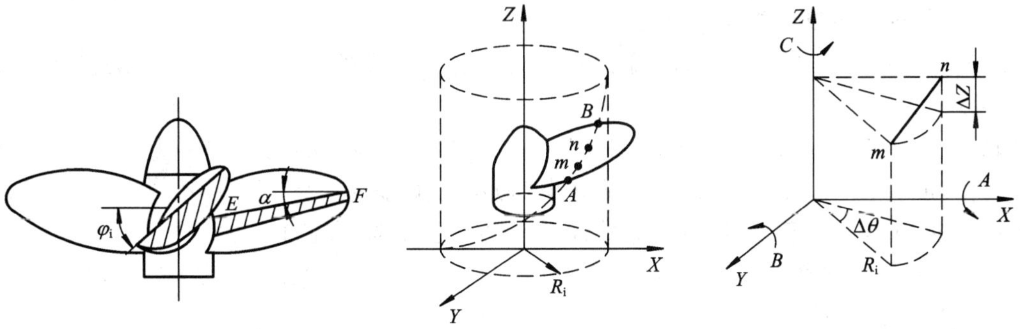

图 5-8　五坐标加工

五、合理选择零点设定功能

所谓“零点”，就是程序运行的起点，又称“对刀点”或“起刀点”，也就是刀具相对零件运动的起点。对刀点选定后，便确定了机床坐标系和工件坐标系的关系。

刀具在机床上的位置是由“刀位点”的位置来表示的。所谓刀位点，对立铣刀、面铣刀和钻头而言，是指它们的底面中心；对球头铣刀是指球头球心；对车刀和镗刀是指它们的刀尖。

选择对刀点的原则为：

(1) 为了提高零件的加工精度，刀具的起点应尽量选在零件的设计基准或工艺基准上。如以孔定位的零件，应将孔的中心作为对刀点。

(2) 对刀点应选在对刀方便的位置，便于观察和检测。

(3) 对刀点的选择应便于坐标值的计算，对于建立了绝对坐标系统的数控机床，对刀点最好选在该坐标系的原点上，或者选在已知坐标值的点上。

(4) 在加工中心机床上，加工过程中每次换刀所选择的换刀位置要在工件的外部，以免换刀时刀具与工件相碰。

六、合理选择数学处理方法

1. 直线逼近的数学处理

如前所述，曲线用直线逼近有等间距法、等步长法、等误差法等。

(1) 等间距法。该方法用于曲率变化大的曲线节点计算，是一种最简单的处理方法。但由于间距取定值，因此程序段数可能过多。

(2) 等步长法。该方法用于曲率变化不大的曲线节点计算。但当曲线各处的曲率相差较大时，所求得的节点数会过多。

(3) 等误差法。对于曲率变化较大的曲线，使用这种方法求得的节点数最少，但计算稍繁琐。

2. 圆弧逼近的数学处理

曲线用圆弧逼近有曲率圆法、三点圆法和相切圆法等。

三点圆法和相切圆法都需先用直线逼近方法求出各节点，再求出各圆，计算较繁琐。

3. 列表曲线的数学处理

列表曲线的处理方法有三次样条曲线拟合法、圆弧样条曲线拟合法、双圆弧样条曲线拟合法等。

(1) 三次样条曲线拟合。三次样条函数的一阶和二阶导数都连续，故拟合效果好，曲线整体光滑，应用较广。但其拟合曲线随其坐标的改变而变化，即其图形不具有几何不变性；在处理大挠度曲线时，可能产生较大的误差，甚至会出现多余的拐点。

近年来应用的参数样条法避免了三次样条法的缺点，它的曲线形状与坐标系无关，而且处理大挠度曲线时误差小。

(2) 圆弧样条曲线拟合。圆弧样条曲线在总体上是一阶导数连续，分段为等曲率的圆弧，并直接按该分段的圆弧编程，将三次样条的两次拟合变为一次，所以计算简单，程序段数少，也没有尖角过渡的处理问题，而拟合精度也可满足一般的数控加工，在我国广为应用。但当型值点为曲线上的拐点时，此法拟合的效果不好。该法只限于描述平面曲线，不适于空间描述。

(3) 双圆弧样条曲线拟合。采用双圆弧样条曲线拟合时，程序段数比圆弧样条曲线拟合多一倍，且拟合精度和光滑性比圆弧样条曲线拟合高；当曲线存在拐点时，较易处理。这种拟合方法应用较为广泛。

实际上，每一数学处理方法都有其优缺点，应视具体情况合理选用。

5.4 手工编程举例

一、车削编程

图 5-9 所示为一车削零件图，材料为铝合金，毛坯为ϕ28 mm 棒料，用 TND—360 数控车床进行加工，试编制其加工程序。

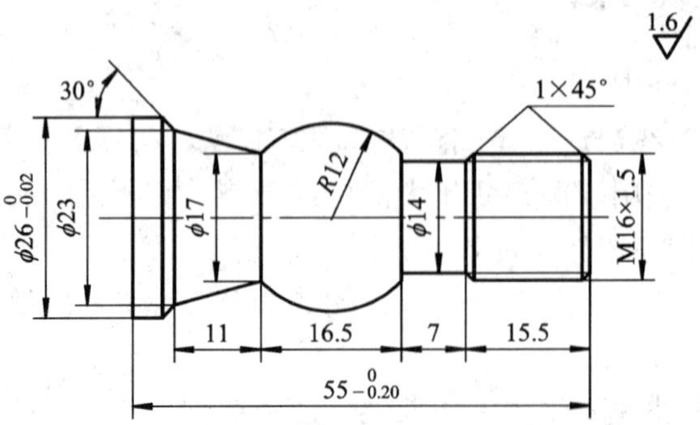

图 5-9 车削零件图

1. 定位与装夹

用气动卡盘夹持棒料外圆，伸出 70 mm 长(不计端面余量)，如图 5-10 所示。

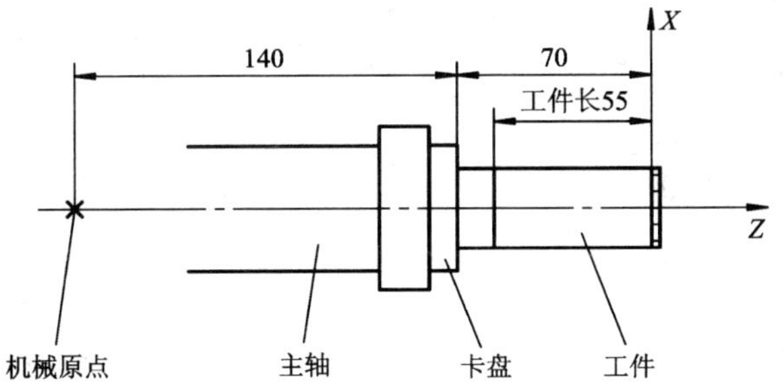

图 5-10　工件装夹示意图

2．确定程序原点和坐标系

以工件外端面的中心为编程原点。由机床说明书可知，机械原点位于距卡盘端面 140 mm 的主轴中心线上，加上工件的伸出长度，程序原点与机械原点的距离为 210 mm。*X* 和 *Z* 轴的方向如图 5-10 所示，*X* 坐标值以工件的直径尺寸表示。该机床说明书中规定以 G59 表示设置零件程序原点，即

G59　X0　Z210　M41

3．确定加工顺序

所确定的加工顺序为：车端面—粗切外轮廓—精切外轮廓—切螺纹—切断。

4．选择刀具和切削用量

加工该零件共需用三把车刀：外轮廓的粗精车用右偏刀，切螺纹用螺纹车刀，切断用切断刀。上述刀具安装在数控车床的转塔刀架上，它们的形状和编号如图 5-11 所示。因为是尖形刀，刀位点为刀尖，所以不需用刀补指令。

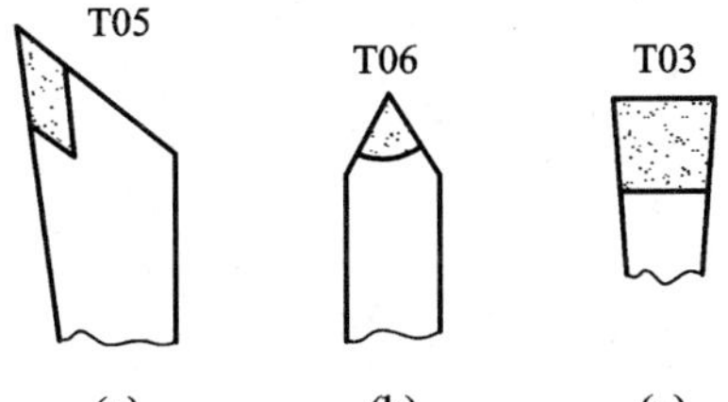

(a)　(b)　(c)

图 5-11　刀具形状和编号

(a) 外圆车刀；(b) 螺纹车刀；(c) 切断刀

切削用量选择如下：

车端面：$v = 80$ m/min，$f = 0.08$ mm/r；

粗车外圆：$v = 80$ m/min，$f = 0.25$ mm/r；

精车外圆：$v = 150$ m/min，$f = 0.05$ mm/r；

车螺纹转速：$n_1 = 600$ r/min，$f = 1.5$ mm/r；

切断转速：$n_2 = 500$ r/min，$f = 0.0 5$ mm/r。

5．加工程序

加工程序见表 5-1。

表 5-1　加工程序单

程序段号	指令及其内容	说　　明
001	G 59　X0　　Z210　M41	原点设置
002	G 92　P 2000　Q 50	限定转速范围
003	G 27	回换刀点
004	N5　　T505　M03	5 号外圆车刀，主轴顺时针旋转
005	G 96　S 80	恒切削速度 80 m/min
006	G 00　X 29　Z 0	快速至工件表面
007	G 01　X– 1　F 0.08	车端面
008	G00　X35　Z15	刀具快速退出
009	G73　P10　Q20　I 0.3　U – 6.5　D2.1　F0.25	平行轮廓粗切循环
010	G96　S150	恒切削速度 150 m/min
011	N10	从 N10 到 N20 是精切零件轮廓
012	G 00　X14　Z2	刀具快速到位
013	G 01　　Z0　F 0.05	刀具慢速接近工件
014	G 01　X 16　Z – 1	倒角
015	G 01　　Z – 14.5	车外圆
016	G 01　X14　Z – 15.5	倒角
017	G 01　　Z – 22.5	车退刀槽
018	G 01　X17	车台肩
019	G 03　X17　Z– 39　R12	车圆弧
020	G 01　X 23　Z – 50	车锥度
021	G 01　X26　A150	倒角
022	G 01　　Z – 56	车外圆
023	G 01　X 28	刀具退出
	N20	
024	G 26	回换刀点
025	N6　T606　M03	换 6 号螺纹刀
026	G 97　S 600	转速 600 r/min
027	G 00　X20　Z 4	刀具快速接近
028	G76　X14.376 Z– 18.5　K0.812　H6　P1.5　A55　D0.03	切螺纹循环
029	G 26	回换刀点
030	N3　T303　M03	换 3 号割刀，主轴顺时针旋转
031	G97　S500	转速 500 r/min
032	G00　X28　Z – 55	刀具快速接近
033	G01　X1.5　F0.05	切断
034	G26	回换刀点
035	M30	程序结束

二、铣削编程

图 5-12 所示的样板零件，材料为 45 钢，中批生产，用 XK0816A 数控铣床加工。试编制精铣该样板轮廓的加工程序。

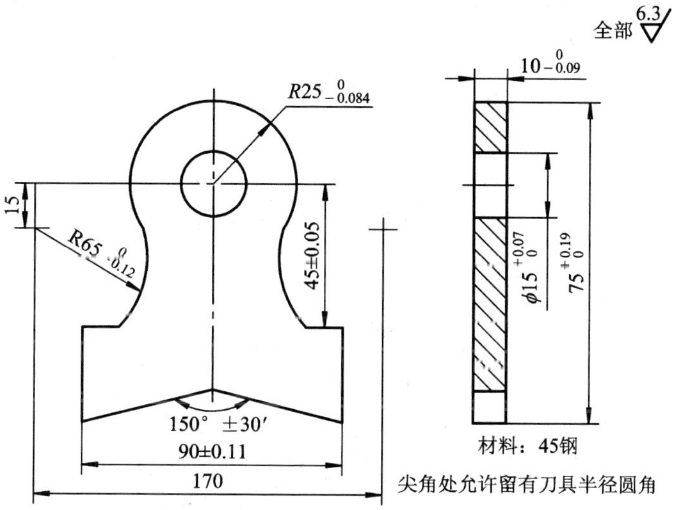

图 5-12　样板零件图

1．工艺分析

该零件形状较简单；尺寸标注齐全、无封闭尺寸及其他标注错误；精度要求不高，均在 IT11～IT10 级内；且凹形尖角处允许留有刀具半径圆角。但从加工位移过程中有多处换向运动，不过现代数控系统大都具有反向间隙自动补偿功能，能自动控制补偿其反向间隙。

该零件为轴对称图形，既便于定位装夹，又可采用镜像功能指令加工。

2．定位装夹

由于该零件为中批生产，宜采用专用夹具以ϕ15 mm 孔定位兼压紧；再在 $-Y$ 轴适当的位置上，钻一个工艺孔(图 5-14 中的虚线孔)作为第二个定位孔，以一面两孔实现准确而可靠的定位，如图 5-13 所示。

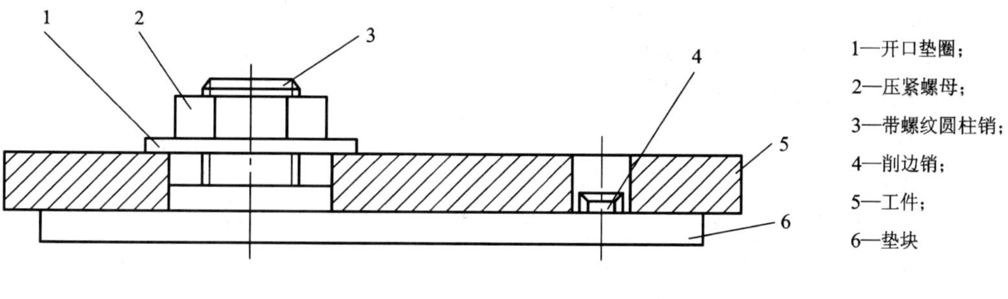

图 5-13　样板加工的定位装夹

3. 确定程序原点和坐标系

以 O 点为坐标系原点和对刀点，X 和 Z 轴的方向如图 5-14 所示。

4. 确定走刀路线

如图 5-14 所示，选择 $P_0(-65, -95)$点为起刀点和终刀点。刀具从 P_1 点切入零件，然后沿着点划线上箭头的方向进行加工，最后回到 P_0 点。

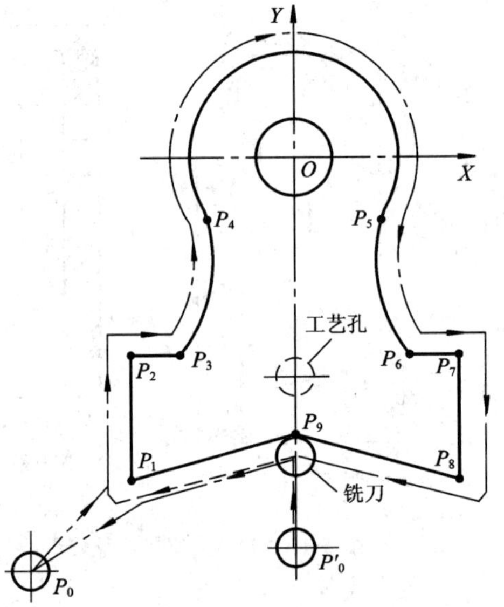

图 5-14　样板加工的走刀路线

如果采用镜像功能加工，铣刀(刀位点)从 P_0' 沿+Y 方向直线位移至 P_9 的补偿点切入，然后按顺时针方向沿着轮廓依次进行左半部分形状加工。在编程时，只需编制零件在左半部分的加工程序，然后用镜像功能指令(如 XK0816A 机床所规定的 Y 轴对称指令 G12)加工出零件的右半部分。

5. 数值计算

根据零件图所给定的尺寸和几何形状，利用“基点的直接计算”方法，求出各基点(如图 5-14)中的 $P_1 \sim P_9$ 的坐标值为：

$P_1(-45, -75)$，$P_2(-45, -40)$，$P_3(-25, -40)$，

$P_4(-20, -15)$，$P_5(2, -15)$，$P_6(2, -40)$，$P_7(45, -40)$，

$P_8(45, -75)$，$P_9(0, -62.9)$

各圆弧插补段的圆心相对该圆弧起点的坐标值为：

C_1 圆：$I = -60$，$J = 25$；

C_2 圆：$I = 20$，$J = 15$；

C_3 圆：$I = 65$，$J = 0$

6. 加工程序

在 XK0816A 立式数控铣床上精铣该零件的加工程序见表 5-2。

表 5-2　加 工 程 序 单

程序段号	指令及其内容	说　明
	%	程序开始
	O0037	程序号
N10	G92　X0　Y0　Z40.0	设置工件坐标系原点
N20	G90　G00　X－65　Y－95　Z300	快速至 P_0 点上方 Z300 处定位
N30	G43　H08　Z－12　S350　M03	建立刀具长度补偿，主轴以 350 r/min 正转，刀具下降至加工位置
N40	G41　G01　X－45　Y－75　D05　F105	建立左边刀具半径补偿，直线插补 $P_0 \to P_1$
N50	Y－40	直线插补 $P_1 \to P_2$
N60	X－25	直线插补 $P_2 \to P_3$
N70	G03　X－20　Y－15　I－60　J25	圆弧插补 $P_3 \to P_4$
N80	G02　X20　I20　J50	圆弧插补 $P_4 \to P_5$
N90	G03　X25　Y－40　I65　J0	圆弧插补 $P_5 \to P_6$
N100	G01　X45	直线插扑 $P_6 \to P_7$
N110	Y－75	直线插补 $P_7 \to P_8$
N120	X0　Y－62.9	直线插科 $P_8 \to P_9$
N130	X－45　Y－75	直线插补 $P_9 \to P_1$
N140	G40　X－65　Y－95　Z300	回 P_0 点上方 Z300 处，注销刀补
N150	M02	程序结束

第六章　工件的装夹与夹具设计

6.1　概　　述

一、工件的装夹与夹具的选用

为了充分发挥数控机床的效率，要有相应的夹具配合。

单件小批量生产时，应优先选用通用夹具、可调夹具和组合夹具以缩短生产准备时间和节省生产费用。

车床上盘套类零件常用三爪自定心卡盘、四爪单动卡盘，轴类零件常用顶尖和鸡心夹头，长轴还需使用中心架或跟刀架，某些异形件还可用花盘。如图 6-1 所示，花盘的工作平面上布置有若干条径向排列的直槽，以便用螺栓、压板等将工件压紧在花盘平面上。安装工件时，应根据工件上事先划好的基准线(内、外圆或十字线)进行找正，然后用螺栓、压板等压紧工件。若工件质量不均衡，则应在花盘上加装平衡铁予以平衡，以防振动并保证安全。

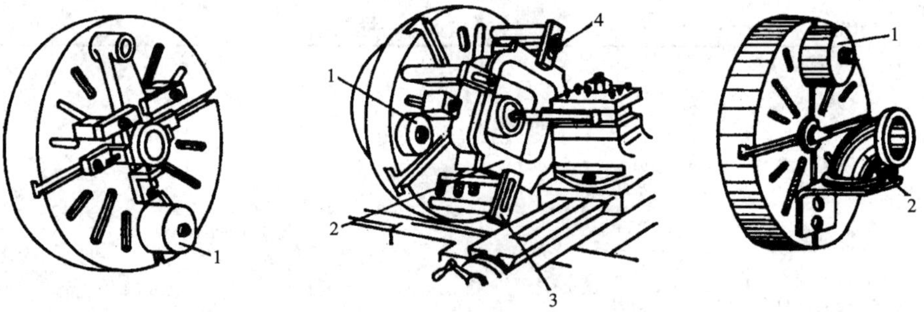

1—平衡铁；2—工件；3—压板；4—螺钉

图 6-1　花盘及其使用

铣床常用平口钳、压板和角铁装夹工件，如图 6-2 所示。对于铣多边形、花键、齿轮、螺旋槽等需要转动角度(分度)的工件，可用分度头装夹，如图 6-3 所示。

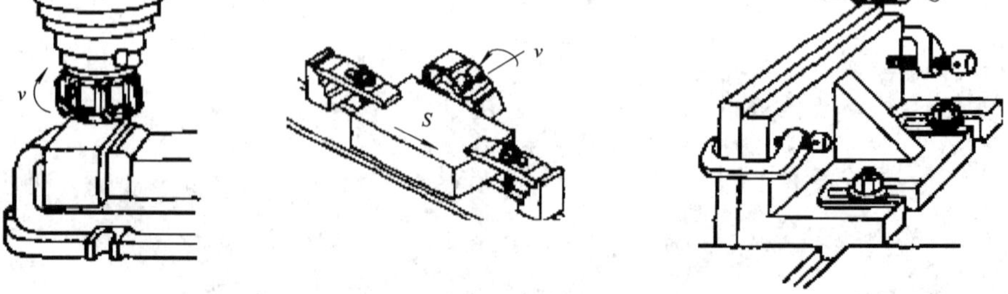

图 6-2　铣床装夹工件常用方法

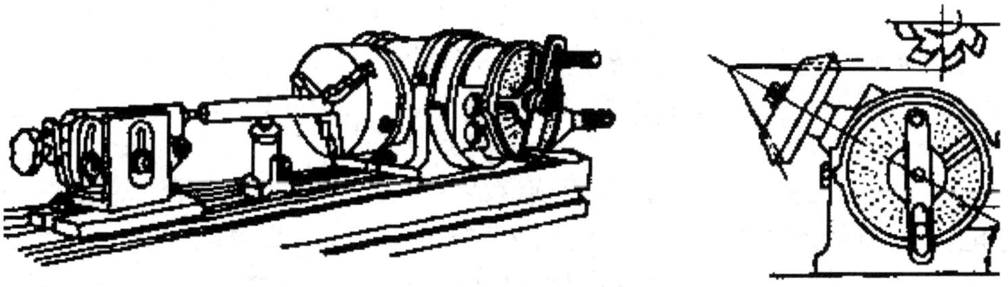

图 6-3　用分度头装夹工件

对于成批生产或某些关键工序，可考虑采用专用夹具。

二、夹具的功能与工作过程

图 6-4 所示为某工件铣槽夹具简图。加工前先把夹具安装在铣床工作台上，由定位键 7 使夹具在机床上获得正确位置，并用 T 形螺栓锁紧。然后调整刀具侧面和端面刃，分别与对刀块 5 的侧面和底面靠近，并用塞尺检查间隙 Δa、Δh，符合要求后即可加工。

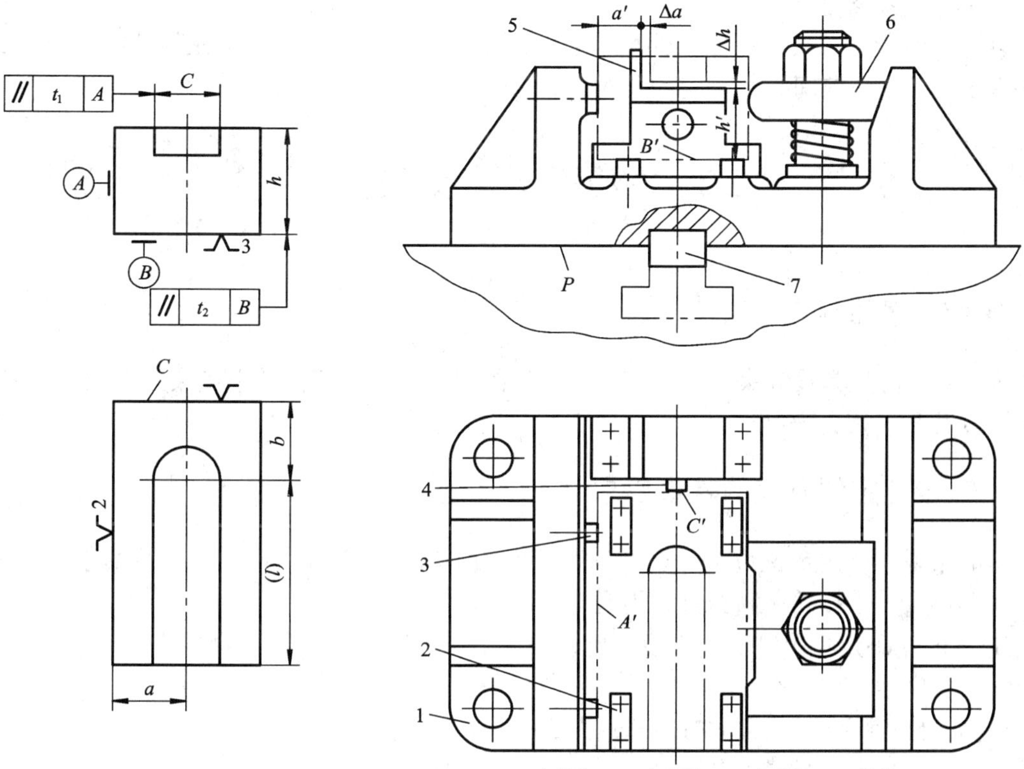

1—夹具体；2—支承板；3—支承钉；4—挡销；

5—对刀块；6—夹紧机构；7—定位键

(a)　　(b)

图 6-4　夹具工作原理示例

(a) 零件工序简图；(b) 夹具简图

装夹工件时，工件底面 B 和侧面 A 分别与夹具上的四个支承板 2 构成的平面 B' 和两个支承钉 3 所构成的直线 A' 接触，工件的断面 C 与挡销 4 接触，这就是工件在夹具上定位。工件定位后用夹紧机构 6 把工件挤紧，使工件在加工中始终保持这一正确位置，这就是夹紧。

可见，加工中夹具把机床、刀具和工件联系起来组成一个完整的系统，这就叫工艺系统。

采用这一夹具是如何保证加工要求的呢？工件的各项加工要求中，槽宽 C 由刀具保证，与夹具无关；由夹具保证的一般都是位置尺寸及其精度，即零件的尺寸 a、b、h 和 t_1、t_2。现分析如下：

(1) 槽的平行度。工作台中间的 T 形槽两侧面与工作台纵向进给方向的平行度符合要求，安装夹具时定位键与 T 形槽准确配合，装工件时 A 面与 A' 可靠接触，即可实现工件 A 面平行于铣床工作台纵向进给方向；同理，四个支承板 2 工作面构成的平面 B' 与夹具体的安装基面 P 平行，实现了和铣床工作台面平行。

(2) 槽的位置精度。工件槽的位置尺寸 a、深度 h 是通过塞尺检查并调整间隙 Δa、Δh，保证对刀块 5 的工作面到夹具定位基面 A'、B' 的距离 a'、h'，使加工后的工件尺寸 a、h 符合要求；工件槽的位置尺寸 b 是通过调整铣床工作台的纵向行程挡块与夹具上定位基点 C' 的相对位置来控制的。

可见，用专用夹具来保证工件加工表面的工序尺寸和公差，必须在静止状态下就要使工艺系统的各个环节间具有正确的相对位置。

6.2 定位和夹紧方案的确定

一、定位方案的确定

确定定位方案是设计夹具的关键，一个好的定位方案将直接关系到夹具的优劣。因此，必须按有关要求认真确定。那么，具体有些什么要求呢？

(一) 确定定位方案的基本要求

总的来说，确定定位方案是要在满足工件加工精度的前提下，力求结构简单、操作方便、安全可靠、生产效率高。具体地说有：

(1) (准确)确定需限制的自由度。确定限制自由度时，应同时遵循基准统一的原则，即采用上一工序的定位基准。

如图 6-5(a)所示，加工ϕ16H7 孔时，其工序基准为销孔 I 的中心线。因此定位基准应为底平面 A 及圆销 I 和棱销 II 的中心线，如图 6-5(b)所示。

钻、扩、铰ϕ16H7 孔时，只需限制除 $\vec{Z}$ 外的五个自由度，但用 A 面和孔 I 、II 定位时，一面两销限制六个自由度，把不需限制的 $\vec{Z}$ 也限制了，这时应随其自然，不要人为地去掉 $\vec{Z}$ 。

(2) 正确选择定位基准。这主要应遵循基准选择的各项原则。显然，对于大平面，可作主基准；窄长表面作第二基准(导向)；用小平面作第三定位面(止推面)。

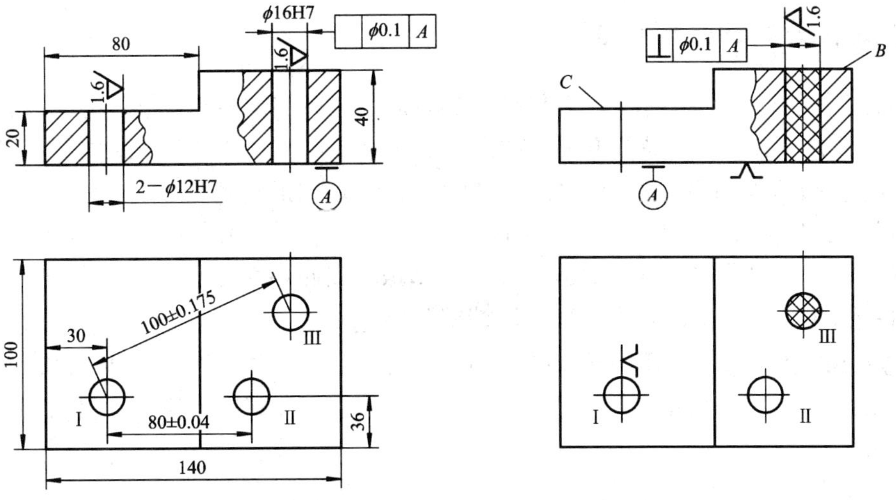

(a) (b)

图 6-5　确定限制自由度示例

(a) 零件图；(b) 工序图

(3) 正确选择和布置定位元件。选择和布置定位元件要特别注意所限制的自由度，防止出现过定位和欠定位。例如，对于平面定位，主定位面的三个支承或第二定位面的两个支承点的距离应越远越好。

图 6-6(a)所示盘形件，平面相当于三个支承点 1、3、4，限制 $\vec{X}$、$\widehat{Y}$、$\widehat{Z}$，中间的短圆柱销相当于两个支承点 5、6 限制了工件的 $\vec{Y}$、$\vec{Z}$ 两个自由度；对于 $\widehat{X}$，可在圆周钻一销孔(或在圆盘上铣一缺口)，放一定位销 2 限制工件的 $\widehat{X}$ 自由度。

图 6-6(b)所示轴类件，一般都采用 V 形块定位，V 形块相当于在圆柱面上布置四个定位点，即 1、2、4、5 点，共限制 $\vec{X}$、$\vec{Z}$、$\widehat{X}$、$\widehat{Z}$ 四个自由度，在端面上布置一点 3，限制 $\vec{Y}$，至于 $\widehat{Y}$ 则可用一个定位销 6 来实现。

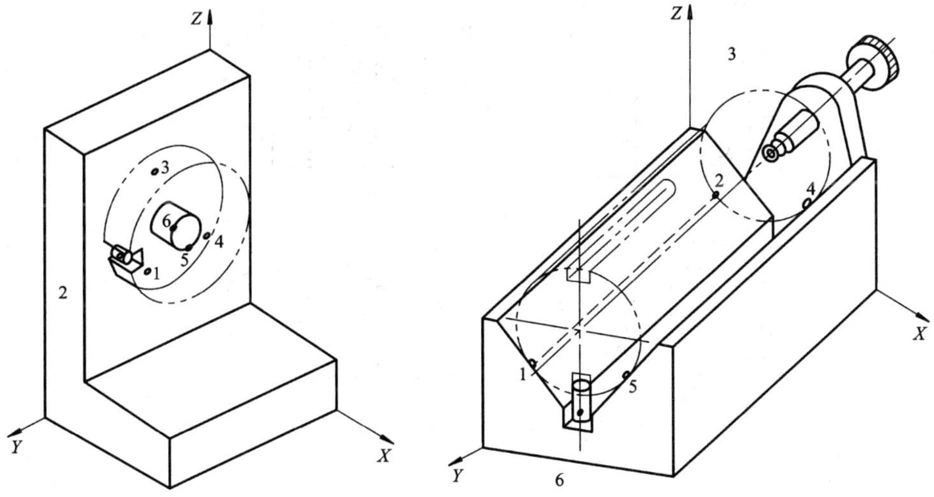

(a) (b)

图 6-6　零件定位元件布置示例

(a) 盘形件；(b) 轴类件

(二) 定位方案的比较与选择

许多工件往往有几种不同的定位方案，这就需要从其工作情况、误差计算及结构等各方面进行综合考虑，从中选出最佳方案。如图 6-7 所示(图中 1、2 为定位元件)，铣接头通槽时，其定位方案(需限制除 $\vec{Y}$ 外的其余五个自由度)可以有如下两种：

(1) 以 N 面为基准，用长定位套端面限制 $\vec{Z}$、$\widehat{X}$、$\widehat{Y}$(主基准)；以 ϕ16f7 为第二基准，定位套限制 $\vec{X}$、$\vec{Y}$，但因定位套同时限制 $\widehat{X}$、$\widehat{Y}$ 造成过定位，为避免干涉，须提高定位套端面对孔轴线的垂直度；以 B 面为基准，用挡销限制 $\widehat{Z}$。

(2) 以 ϕ16f7 为主基准，用 V 形块限制 $\vec{X}$、$\vec{Y}$、$\widehat{X}$、$\widehat{Y}$ (主定位)，以 V 形块的端面与 N 面接触限制 $\vec{Z}$ (因为接触面小，不会造成过定位)；以 B 面为基准，用活动叉与 B 面接触限制 $\widehat{Z}$。

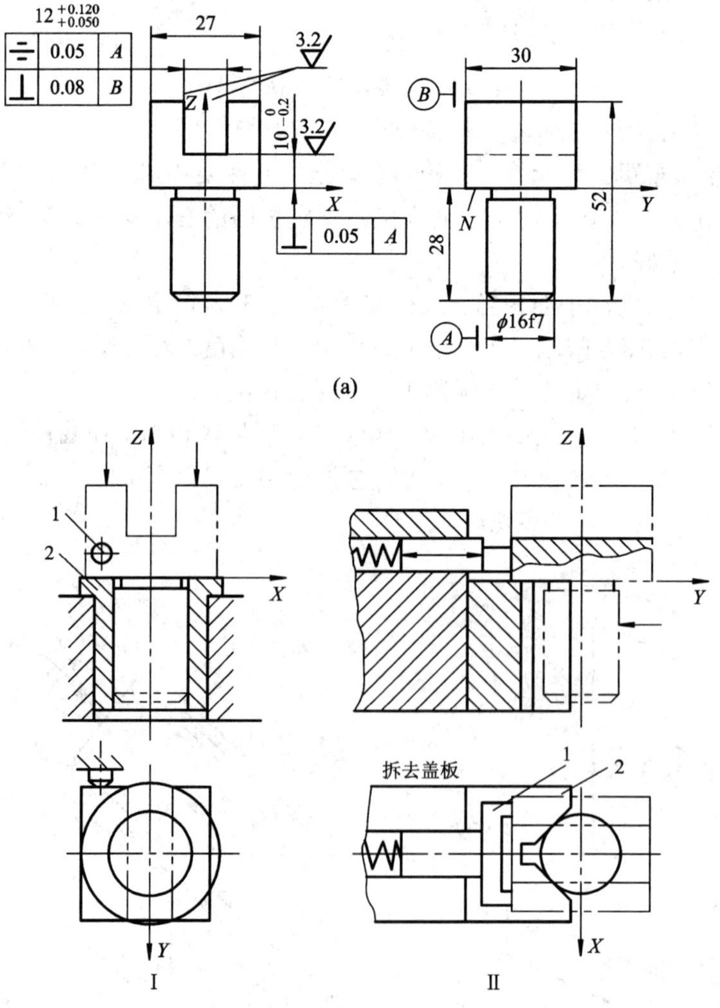

图 6-7　工件定位方案设计示例

(a) 铣接头通槽工序简图；(b) 铣接头通槽定位方案

两种方案比较：

方案(1)：结构简单、制造容易，为避免过定位，须提高套端面对孔的垂直度要求；定位套孔与ϕ16f7 外圆的配合间隙也将影响加工后槽两侧的对称精度；用挡销定位时，因是单边接触，会由于尺寸 30 的制造误差使得限制$\widehat{Z}$不精确(可能发生微量偏移)而导致槽对端面 *B* 的垂直度误差增大。

方案(2)：结构较方案(1)复杂，但由于 V 形块对中性好，易保证铣出的槽两侧面的对称度；端面接触面小，不会造成过定位；活动定位叉因是双边接触，即使尺寸 30 制造有误差，其限制$\widehat{Z}$的精度仍很高，对保证槽两侧面对端面 *B* 的垂直度有利。

综上，采用方案(2)较好。

常用定位元件限制的自由度可参见表 6-1。

表 6-1　常用定位元件限制的自由度

<table>
<tr><th>定位基准</th><th>定　位　简　图</th><th>定位元件</th><th>限制的自由度</th></tr>
<tr><td rowspan="2">大平面</td><td>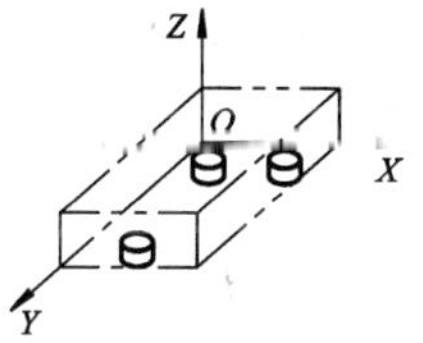
</td><td>支承钉</td><td rowspan="2">$\vec{Z}$,$\widehat{X}$, $\widehat{Y}$</td></tr>
<tr><td>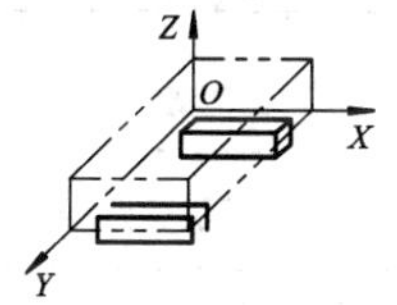
</td><td>支承板</td></tr>
<tr><td rowspan="4">长圆柱面</td><td>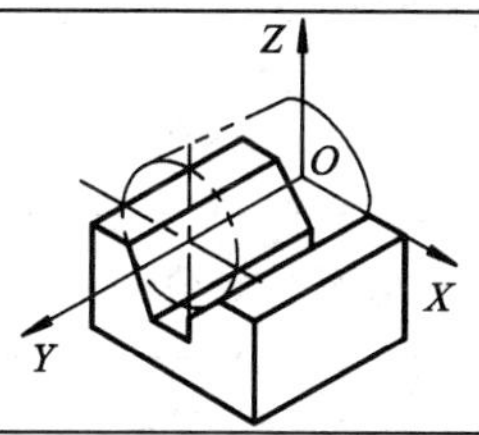
</td><td>固定式 V 形块</td><td rowspan="4">$\vec{X}$,$\vec{Z}$, $\widehat{X}$, $\widehat{Z}$</td></tr>
<tr><td>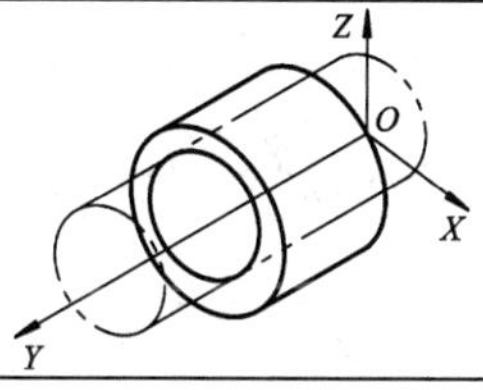
</td><td>固定式长套</td></tr>
<tr><td>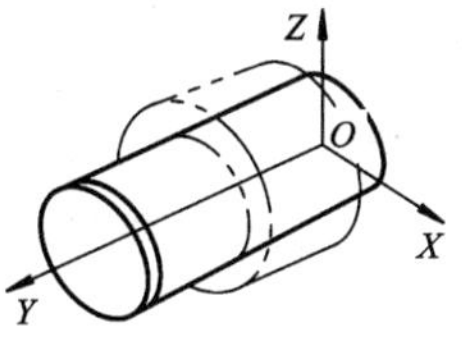
</td><td>心轴</td></tr>
<tr><td>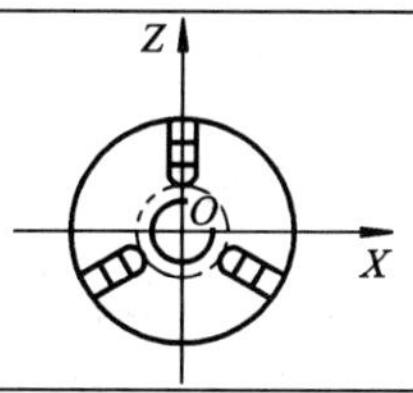
</td><td>三爪自定心卡盘</td></tr>
</table>

续表

定位基准	定 位 简 图	定位元件	限制的自由度
长圆锥面	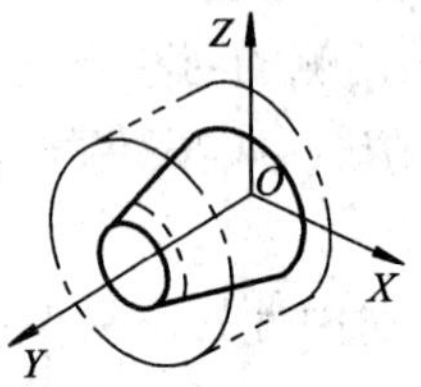	圆锥心轴(定心)	$\vec{X}$, $\vec{Y}$, $\vec{Z}$, $\widehat{X}$, $\widehat{Y}$
两中心孔	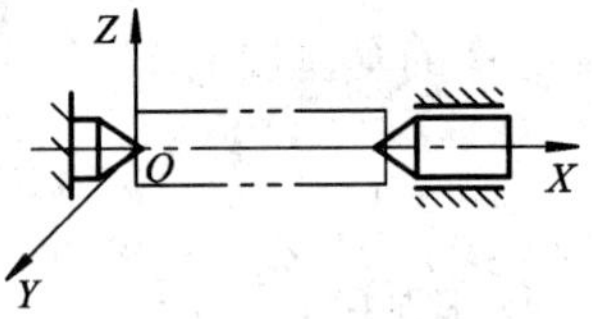	固定顶尖	$\vec{X}$, $\vec{Y}$, $\vec{Z}$
		活动顶尖	$\widehat{Y}$, $\widehat{Z}$
短外圆与中心孔	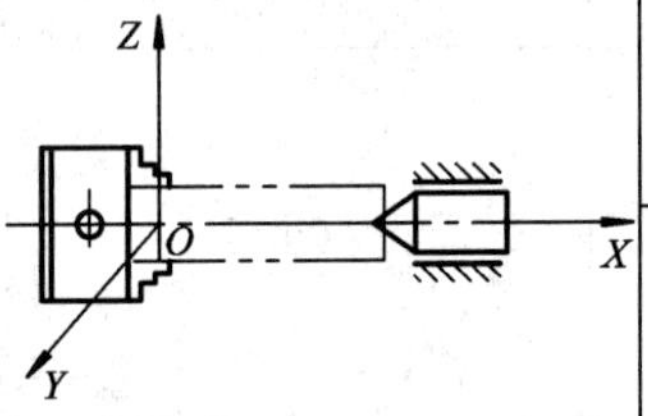	三爪自定心卡盘	$\vec{Y}$, $\vec{Z}$
		活动顶尖	$\widehat{Y}$, $\widehat{Z}$
大平面与两外圆弧面	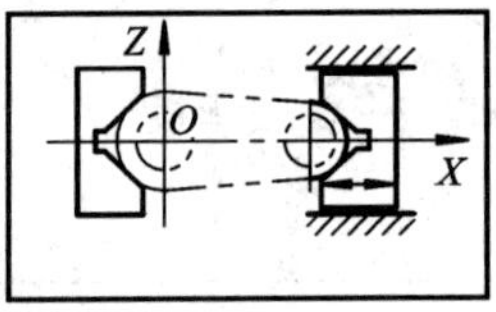	支承板	$\vec{Z}$, $\widehat{X}$, $\widehat{Y}$
		短固定式 V 形块	$\vec{X}$, $\vec{Z}$
		短活动式 V 形块(防转)	$\vec{Y}$
大平面与两圆柱孔	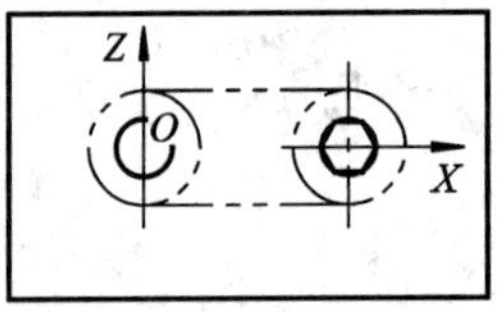	支承板	$\vec{Z}$, $\widehat{X}$, $\widehat{Y}$
		短圆柱定位销	$\vec{X}$, $\vec{Z}$
		短菱形销(防转)	$\vec{Y}$
长圆柱孔与其它	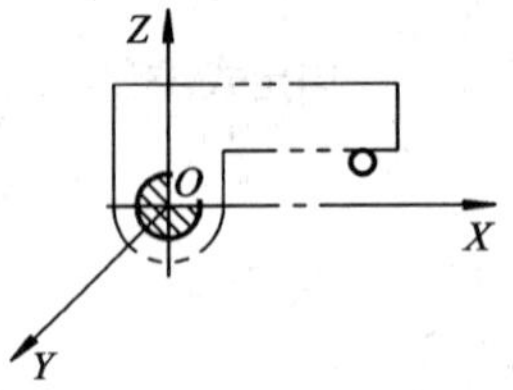	固定式心轴	$\vec{X}$, $\vec{Z}$, $\widehat{X}$, $\widehat{Z}$
		挡销(防转)	$\vec{Y}$
大平面与短锥孔	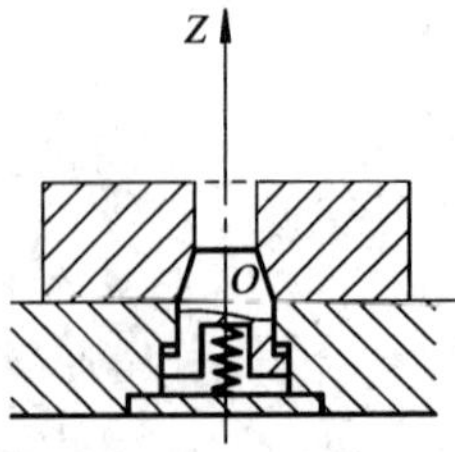	支承板	$\vec{Z}$, $\widehat{X}$, $\widehat{Y}$
		活动锥销	$\vec{X}$, $\vec{Y}$

(三) 定位元件常用材料及主要技术要求

工件在夹具中定位时，一般不允许将工件直接放在夹具体上，而是安放在定位元件上，即工件定位基准面与定位元件的工作表面相接触，因此对定位元件有如下要求：

(1) 高的精度。原则上定位元件的公差应比工件相应尺寸的公差小，常为工件相应尺寸公差的 1/3～1/2。如果定位元件的公差太大，会影响定位精度；公差过小，会使定位元件制造困难。

(2) 高的耐磨性。应避免因定位元件的磨损而影响定位精度。

(3) 足够的刚度和强度。应避免受工件重力、夹紧力、切削力使元件变形或损坏。

(4) 良好的工艺性。

定位元件常用材料及热处理要求见表 6-2。

表 6-2 定位元件常用材料及热处理

材料		热处理
类别	牌号	
低碳钢	20	S0.8—C60
低碳合金钢	20Cr	
中碳钢	45	C43
碳素工具钢	T7A，T8A，T10A	C55

二、夹紧方案的确定

(一) 对夹紧装置的基本要求

(1) 夹紧时不得破坏工件的定位。夹紧元件在夹紧过程中的移动不能破坏工件定位后的正确位置。

(2) 安全可靠，能自锁。在满足夹紧要求的前提下，为减少夹紧变形，夹紧力应尽可能小；手动夹紧自锁性必须可靠，不能因振动(如铣或车、刨不连续表面时)而松开。

(3) 夹紧动作迅速，操作方便省力(特别是手动夹紧)，以提高生产率。

(4) 结构简单，便于制造，以降低成本。其自动化程度和复杂程度应与工件的产量、质量和生产条件相适应。

(二) 夹紧力的确定

夹紧力主要考虑力的三要素，即夹紧力的方向、作用点和大小。

1. 夹紧力的方向

(1) 应朝向主要定位元件。如图 6-8(a)所示，夹紧力 F_W 的竖直分力背向定位基面，会使工件抬起；图 8-8(b)中夹紧力的两个分力分别朝向了定位基面，将有助于定位稳定。

(2) 应使工件在夹紧后变形最小。如薄壁套筒件的轴向刚性比径向刚性好，用卡爪径向夹紧时工件变形大，若沿轴向施加夹紧力，变形会小得多。

(3) 应使所需夹紧力最小。夹紧力尽可能与切削力和工件重力方向重合，这时夹紧力只需防振即可。图 6-9 所示为夹紧力 F_W、工件重力 G 和切削力 F 三者关系的几种常见典型情况。为了装夹方便及减小夹紧力，应使主要定位支承表面处于水平朝上位置，图 6-9(a)、(b)所示工件安装既方便又稳定，特别是(a)图，其切削力 F 和工件重力 G 均朝向主要支承表面，与夹紧力方向相同，因而所需夹紧力为最小。(c)、(d)、(e)、(f)图所示的情况就较差，其中(f)图所示情况所需夹紧力为最大，一般应尽量避免。

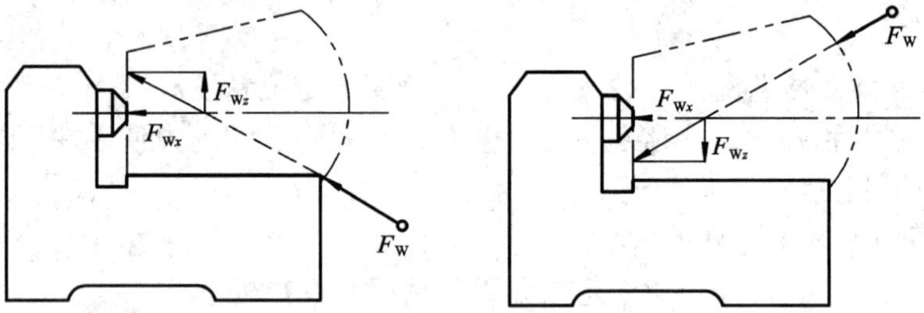

(a) (b)

图 6-8　夹紧力方向

(a) 错误；(b) 正确

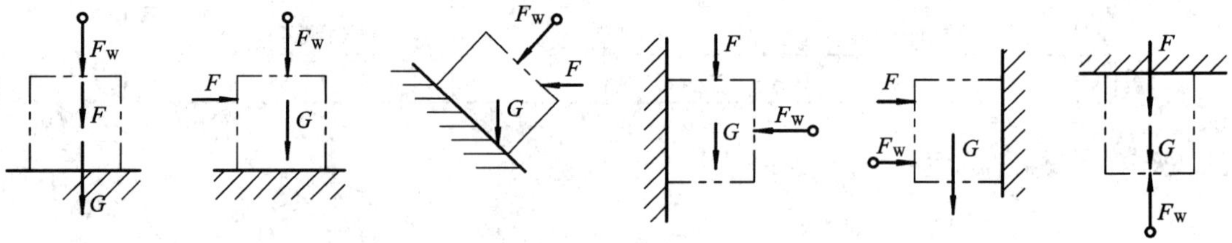

(a) (b) (c) (d) (e) (f)

图 6-9　夹紧力方向与夹紧力大小的关系

2. 夹紧力的作用点

(1) 夹紧力应作用在刚度最大的地方，以免工件变形，影响加工精度。如在夹紧图 6-10 所示的薄壁箱体时，夹紧力不应作用在箱体的顶面，而应作用在刚性较好的凸边上(如图 6-10(a)所示)，或改为在顶面上三点夹紧(如图 6-10(b)所示)，改变着力点位置，以减小夹紧变形。

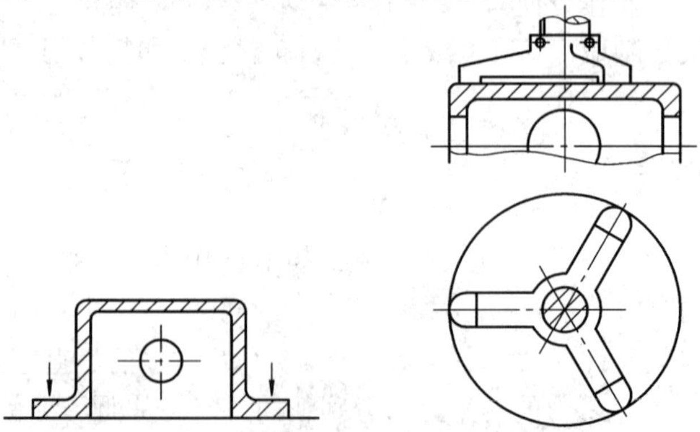

(a) (b)

图 6-10　夹紧力应作用在刚度最大的地方

(2) 为使夹紧力分布均匀，夹紧力应作用在靠近支承面的几何中心。

(3) 夹紧力的作用点应接近加工处，使切削力对此作用点产生的力矩小，以提高工艺系统刚性，减小振动。

3. 夹紧力大小的确定

如果夹紧力过小，则夹不牢；夹紧力过大，又会引起工件变形，使夹紧机构庞大。

影响夹紧力大小的因素很多，主要有切削力、工件硬度、刀具几何角度、切削用量等。在实际应用中一般可用类比法确定。

6.3 夹具设计的方法与步骤

一、夹具设计的基本要求

(1) 保证工件的加工要求。保证加工质量必须首先满足加工要求，其关键在于正确选定定位基准、定位方法和定位元件。必要时需进行误差分析和计算。

(2) 能提高生产率，降低成本。为此，应尽量采用各种快速高效的结构，减少辅助时间，提高生产效率。同时尽可能采用标准元件与标准结构，力求结构简单，制造容易，以降低夹具制造成本。

(3) 操作方便、省力和安全。在条件允许时，尽可能采用气动、液压等机械化夹紧装置，以减轻工人劳动强度；操作位置要正确、符合工人的操作习惯，并注意安全。

(4) 便于排屑。这是夹具设计中的重要问题之一。因为切屑聚集会破坏工件正确可靠地定位；切屑带来的大量热量会引起热变形，影响加工质量；清扫切屑要花费一部分辅助时间，切屑聚集严重时，易损坏刀具或造成工伤事故。

(5) 有良好的工艺性。所设计的夹具要便于制造、检验、装配、调整、维修等。

二、夹具设计的步骤

1. 设计前要认真调查研究

(1) 工件方面：零件图(工件形状、尺寸、技术要求等)及其工艺路线；各工序的具体情况；尤其是所要设计夹具的工序，要充分了解其加工要求及特点。

(2) 机床方面：使用该夹具的机床的主要参数、规格，安装夹具的有关连接部分的尺寸(如工作台T形槽的尺寸、主轴端部尺寸等)。

(3) 刀具方面：了解刀具的主要结构、尺寸、精度及主要技术条件等。

(4) 收集有关设计、制造夹具的资料(标准、结构图册、设计手册等)。

2. 确定夹具的结构方案和绘制方案草图

(1) 结构方案的主要内容：

① 确定工件的定位方案；

② 确定刀具的对刀或引导方式；

③ 确定工件的夹紧方案；

④ 确定夹具的其他组成部分(如分度装置等)的结构形式；

⑤ 确定夹具体的结构形式。

(2) 绘制结构方案的总体草图：应画出多种方案的草图，以便进行分析比较，从中选出最佳方案再供讨论审查。

应注意的是，尽管工件的定位基准和夹紧位置已在工艺规程或工序图上作了规定，但在设计夹具时仍应进行分析研究，看其定位基准选择能否满足工件的有关精度要求，夹具结构的实现是否可能，使用夹具是否方便等，必要时也可对工艺规程提出修改意见。

3．绘制夹具总图

结构方案经审查确定后，便可正式绘制夹具总图。

(1) 总图比例：除特殊情况外，一般都应根据习惯用 1∶1 的比例绘制，这样比较直观，可避免在设计和制造中因错觉而引起差错。当然，若夹具尺寸过大，也可用 1∶2 或 1∶5 的比例；过小，也可用 2∶1 的比例。

(2) 总图上的主视图：应选最能表示夹具的主要部分，并尽可能按操作者在加工时正对的位置绘制。

(3) 对于夹具上运动的零部件，在总图上应用双点划线画出运动的两个极端位置，借此检查是否有干涉现象。必要时，还要将刀具的最终位置和夹具与机床的连接部分用双点划线画出。

(4) 工件的外形轮廓和主要表面也用双点划线画。这里的主要表面指定位表面、夹紧表面和被加工表面。这时的工件可假设为一透明体。因此，工件的轮廓线与夹具上的任何线条彼此独立，互不干涉，即它不影响夹具元件的绘制。

(5) 在总图夹具体的显眼处，画出某一记号(例如◿)，以表示在该处刻写夹具编号。

4．总图上的尺寸标注

总图上应标注的尺寸随夹具的不同而异，一般应标注的最基本的尺寸如下：

(1) 夹具体的外形轮廓尺寸。除一般的最大外形轮廓尺寸外，对于有升降部分的夹具应标注最高和最低极限尺寸；对于夹具上有超出夹具体外的回转部分时，应注出回转半径或直径，以表明夹具轮廓大小和运动范围，从而知道夹具在空间实际所占地位和可能活动的范围，以便检查夹具与机床、刀具的相对位置有无干涉现象和在机床上安装的可能性。

(2) 夹具与机床的联系尺寸。这类尺寸表示夹具如何与机床有关部分连接，从而确定夹具在机床上的正确位置。对于车、磨夹具，主要指夹具与机床主轴端的连接尺寸；对于铣、刨夹具，则是定位键与 U 形槽和机床工作台上 T 形槽的配合尺寸。

(3) 夹具与刀具的联系尺寸。这类尺寸是用来确定夹具上对刀—引导元件位置的。对于铣、刨而言，若设有对刀元件，这类尺寸就是对刀元件与定位元件间的位置尺寸；对于钻、镗夹具来说，便是指钻(镗)套与定位元件间的位置尺寸、钻(镗)套间的位置尺寸，以及钻(镗)套与刀具导向部分的配合尺寸。

(4) 其他装配尺寸。这类尺寸属夹具内部配合尺寸，如定位基准与定位元件间、夹具组成元件间的配合类别、精度等级等，它们和工件、刀具、机床无关。

5．绘制夹具零件图

只绘制夹具中的非标准件，包括公差和技术要求。

三、夹具的公差配合选择与技术要求的制定

夹具公差可分为与工件加工尺寸直接有关和与工件加工尺寸无直接关系的两类。属前者的，如夹具上定位元件之间、对刀—引导元件之间等有关尺寸及公差，它们直接与工件上的相应尺寸公差发生联系，因而必须按工件上的尺寸公差来决定夹具上的相应尺寸公差；属后者的，如定位元件与夹具体的装配配合尺寸公差等夹具内部结构的配合尺寸公差，它主要根据零件的功用和装配要求，按一般公差与配合的原则选择。下面分别叙述。

1．与工件加工尺寸有直接关系的夹具公差

(1) 基本尺寸。不论工件尺寸公差是单向的还是双向的，都应化为双向对称分布的公差。例如，工件尺寸及公差为 $50^{+0.1}_{0}$ 应化为 50±0.05；$70^{+0.8}_{+0.2}$ 应化为 70.50±0.03。夹具上相应的基本尺寸则以工件的平均尺寸表示，即上述尺寸在夹具上的相应基本尺寸为 50.5 和 70.5。

(2) 公差。因为受各种因素的影响(例如机床误差、夹具误差、刀具误差、热变形、内应力等)，使工件产生加工误差。为保证工件的加工精度，对上述误差须严格控制。所以在制定夹具公差时，应保证夹具定位误差、制造误差和调整误差的总和满足误差计算不等式。一般取工件加工尺寸公差的 1/5～1/2，最常用的为 1/3～1/2。

2．与工件加工尺寸无直接关系的夹具公差

与工件加工尺寸无直接关系的夹具公差应按其在夹具中的功用和装配要求来选用。

3．常用夹具元件的配合种类选择

(1) 定位元件与工件定位基准孔之间(如定位销与工件基准孔)：一般为 H7/h6、H7/g6、H7/f6，精度较高时为 H6/h5、H6/f5。

(2) 有引导作用并有相对运动的元件间(如滑动定位件、刀具和导套等)：一般为基孔制的 H7/h6、H7/g6 或基轴制的 K7/h6；精密的为基孔制的 H6/h5 或基轴制的 K6/h5。

(3) 没有相对运动的元件间(如固定支承钉、定位销等)：无紧固件的一般为 H7/n6、H7/p6、H7/r6、H7/u6；若另有紧固件固定的则为 H7/m6、H7/k6。

以上是一般的选用范围，仅供参考，设计时可查阅有关资料。

4．夹具设计中的技术要求

夹具设计中，除规定有关尺寸精度外，还要制定各有关元件间、各元件的有关表面间的相互位置精度，以保证整个夹具的工作精度。这些相互位置精度要求常用文字或符号表示，习惯上称之为技术要求(条件)。一般有：

(1) 定位元件之间或定位元件对夹具体底面之间的相互位置要求。

(2) 定位元件与引导元件之间的相互位置要求(如∥、⊥、◎等)。

相互位置精度误差数值也可取工件上相应表面的相互位置误差的 1/3～1/5。例如，同一平面上支承钉或支承板的等高差一般小于等于 0.02 mm，钻套轴线对夹具体底面的垂直度允差小于等于 100∶0.05 mm，等等。

四、夹具的制造及使用说明

对于需要用特殊方法(如调整法、修配法或就地加工法等)加工或装配(必须先装配或装

配一部分后再加工)才能达到要求的夹具，在其装配图上应注以制造说明。

夹具的使用说明一般包括：

① 工件的加工顺序；

② 夹紧力的大小及夹紧方法；

③ 同时使用的通用夹具或工作台；

④ 使用的安全问题；

⑤ 高精度夹具的保养方法。

第七章　编制设计说明书

设计说明书一般都是设计的科学依据，因而是重要的技术文件。编制设计说明书可以培养学生整理技术资料、提高编写技术文件的能力，所以编制设计说明书是课程设计的一项十分重要的内容。

7.1　设计说明书的要求

编写设计说明书应使用标准稿纸，并按规定的格式、内容和顺序进行编写。说明书要求文字规范，字迹清晰，语句通顺，书写整齐。

设计说明书中应附有与计算有关的必要的简图，如毛坯图或定位装夹示意图、工序图、走刀路线图等。

设计说明书应具有目录，并列出必要的参考资料。

7.2　设计说明书的内容

设计说明书的内容和顺序参考如下：

(1) 目录(含标题及页次)；

(2) 概述：简要说明自己在这次课程设计中接受的具体任务和要求；

(3) 零件工艺分析：对本次课程设计给定的零件(或零件图)进行工艺分析；

(4) 确定毛坯：说明给定零件(或零件图)的毛坯是如何确定的，并画出其毛坯简图；

(5) 方案的确定：说明给定零件的表面加工方案是如何确定的；

(6) 加工阶段的划分：说明划分给定零件加工阶段的理由；

(7) 加工顺序的安排：说明安排给定零件加工顺序的理由；

(8) 走刀路线的明确：说明确定走刀路线的理由；

(9) 工序尺寸及公差的确定：说明给定零件的工序尺寸及公差是如何确定的；

(10) 机床的选择：说明加工给定零件时选择机床的理由；

(11) 工艺装备的选择：说明加工给定零件时选用的工艺装备(刀具、夹具及量具)的理由；

(12) 小结：主要说明这次设计的体会、存在的问题、改进措施及建议；

(13) 主要参考资料(编号、著者、资料名、出版社及出版时间)。

附录　典型零件图精选

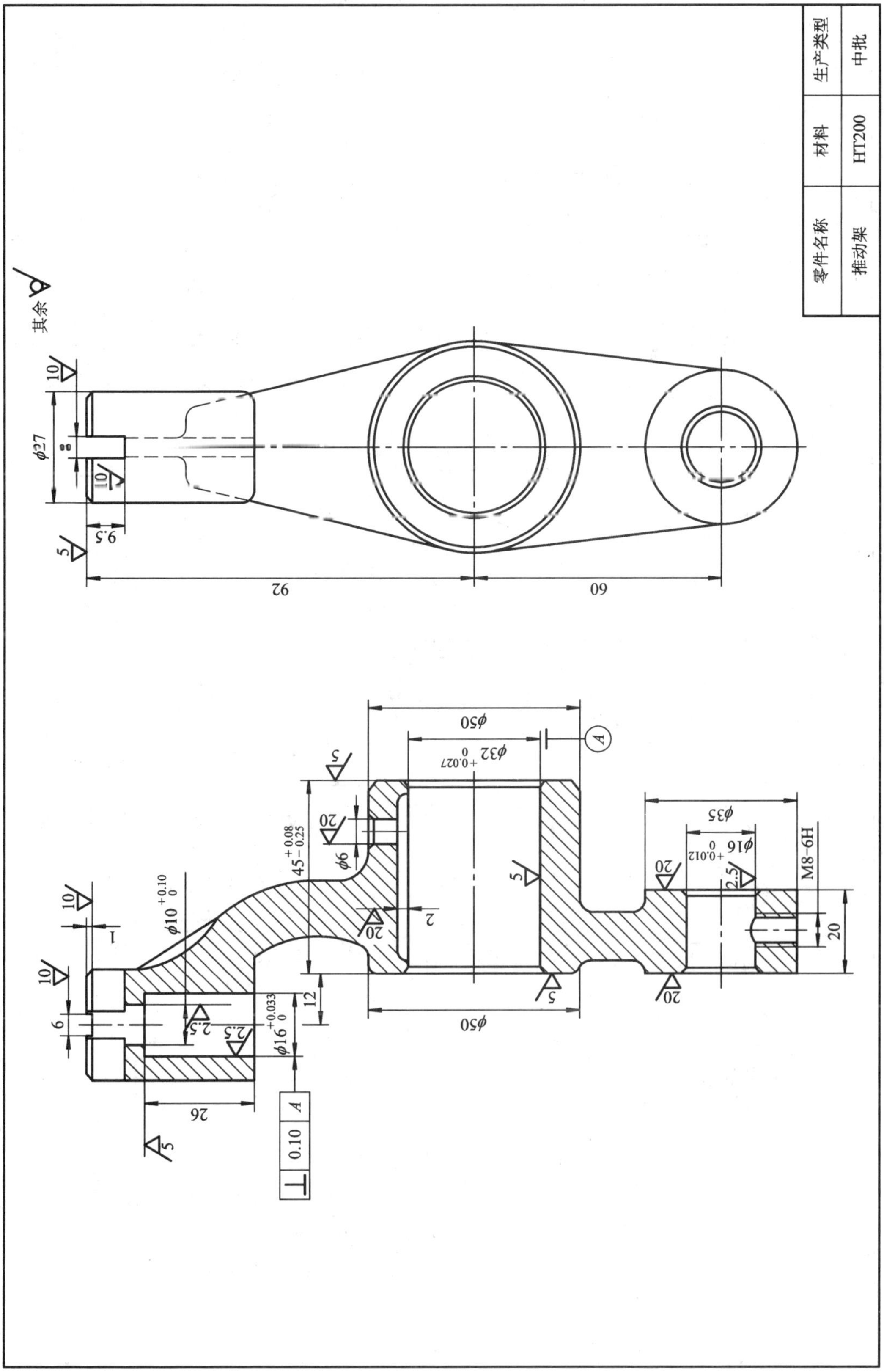

零件名称	材料	生产类型
推动架	HT200	中批

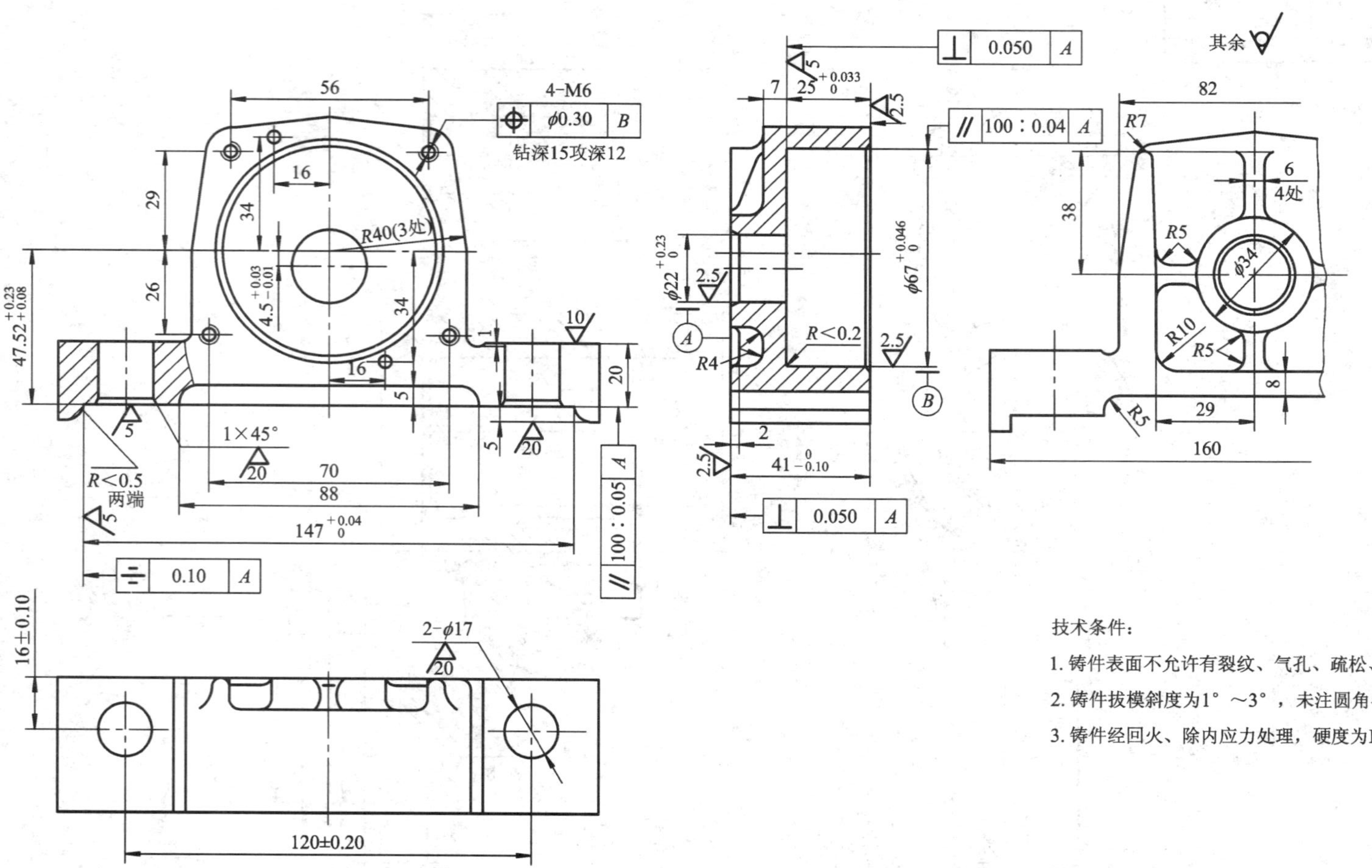

技术条件：

1. 铸件表面不允许有裂纹、气孔、疏松、粘砂等缺陷；
2. 铸件拔模斜度为1°～3°，未注圆角半径为$R2$～$R3$；
3. 铸件经回火、除内应力处理，硬度为HB187～255。

零件名称	材料	生产类型
机油泵体	HT200	中批

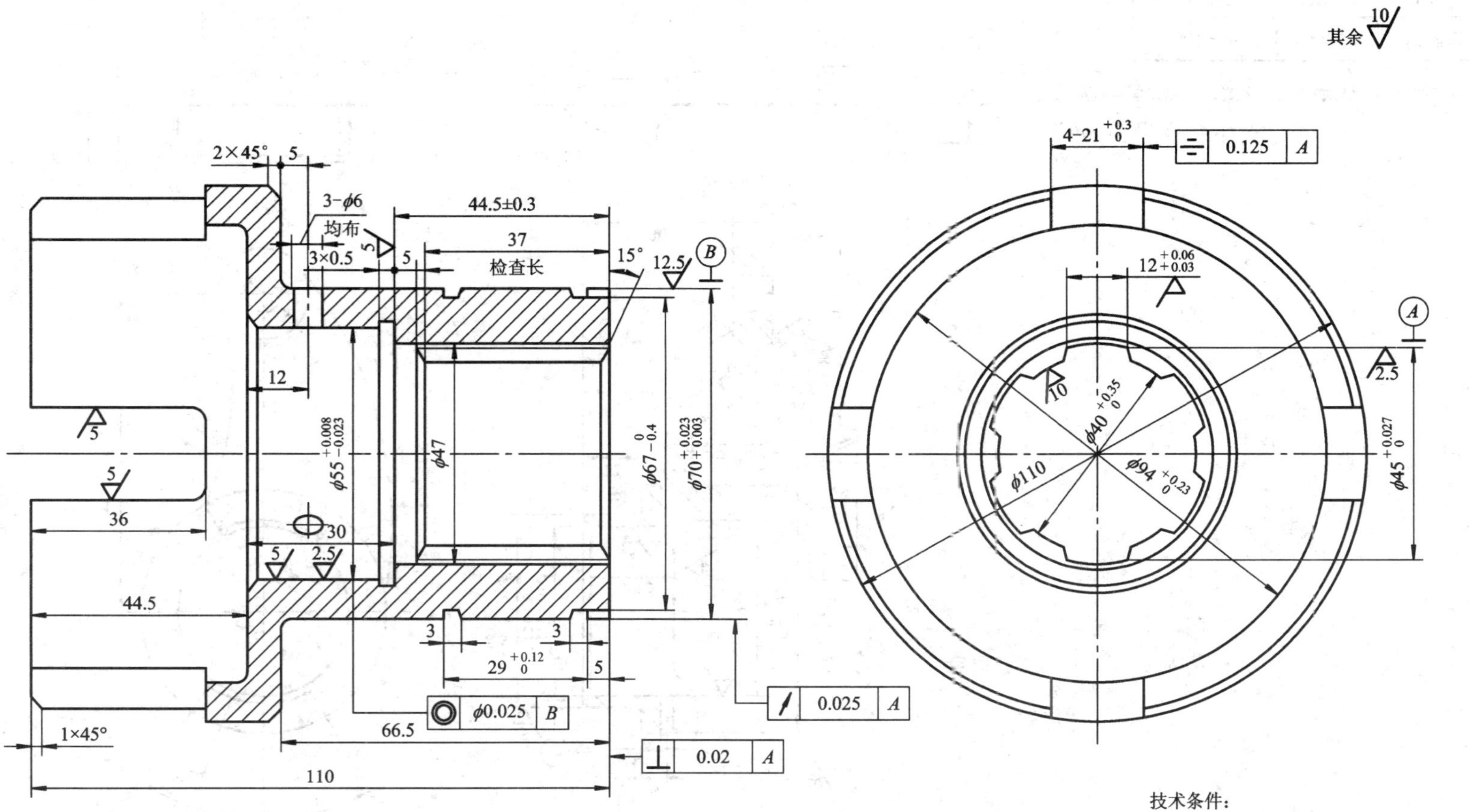

技术条件：

$4-21^{+0.3}_{0}$槽处局部淬硬52 HRC。

零件名称	材料	生产类型
结合子	45	小批

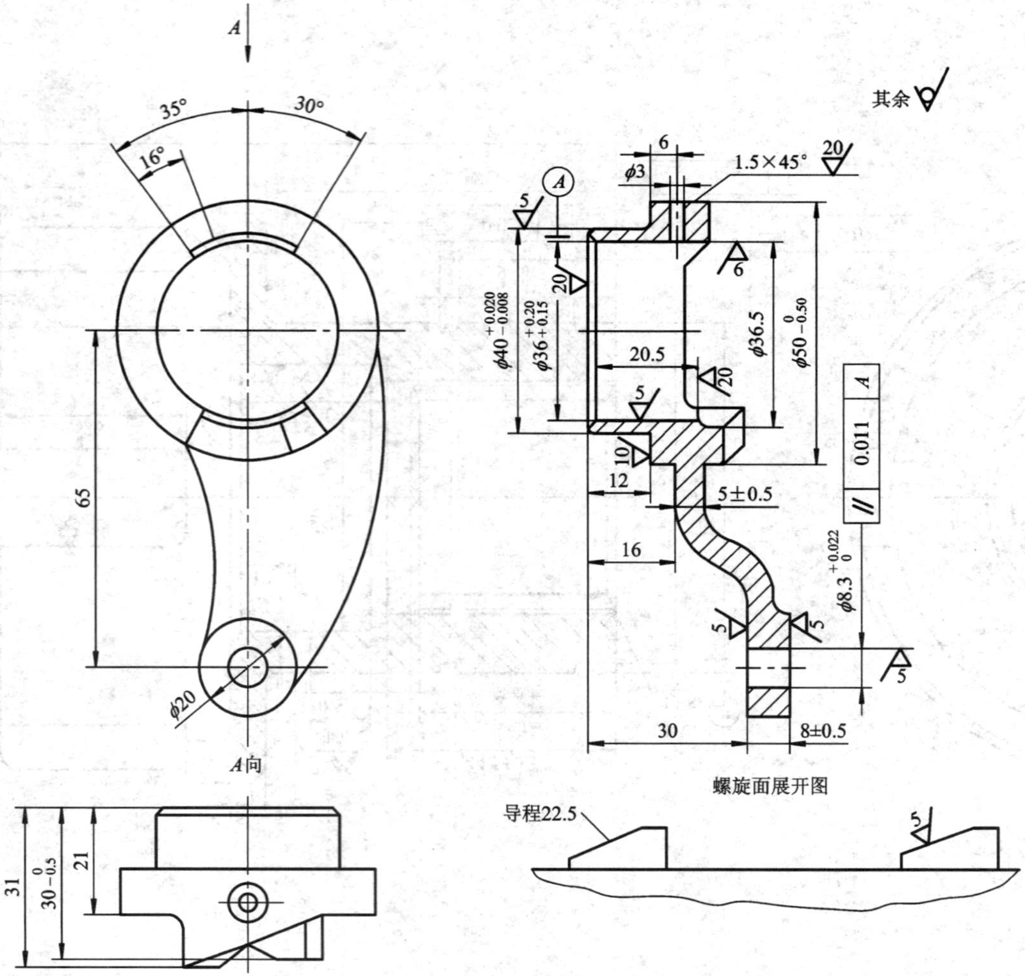

技术条件：

1. 未注铸造圆角为$R2\sim R4$；

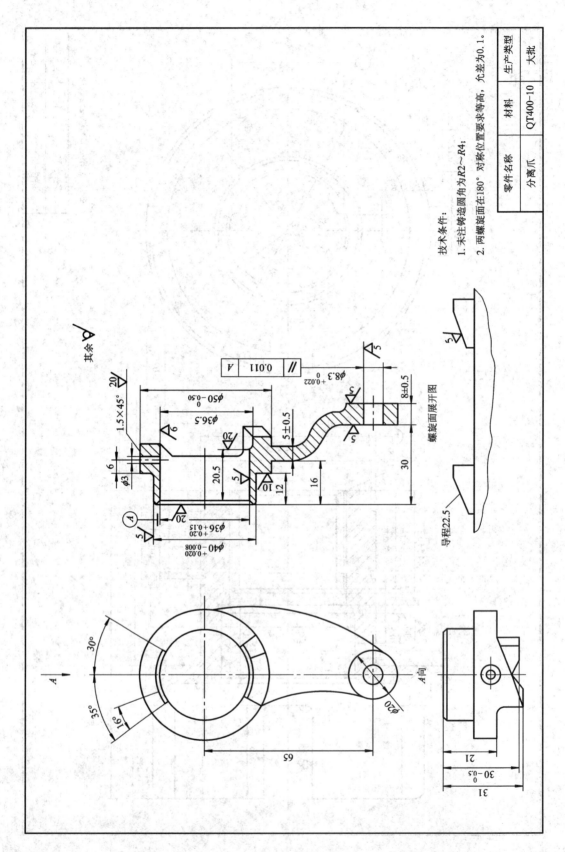

2. 两螺旋面在180°对称位置要求等高，允差为0.1。

零件名称	材料	生产类型
分离爪	QT400-10	大批

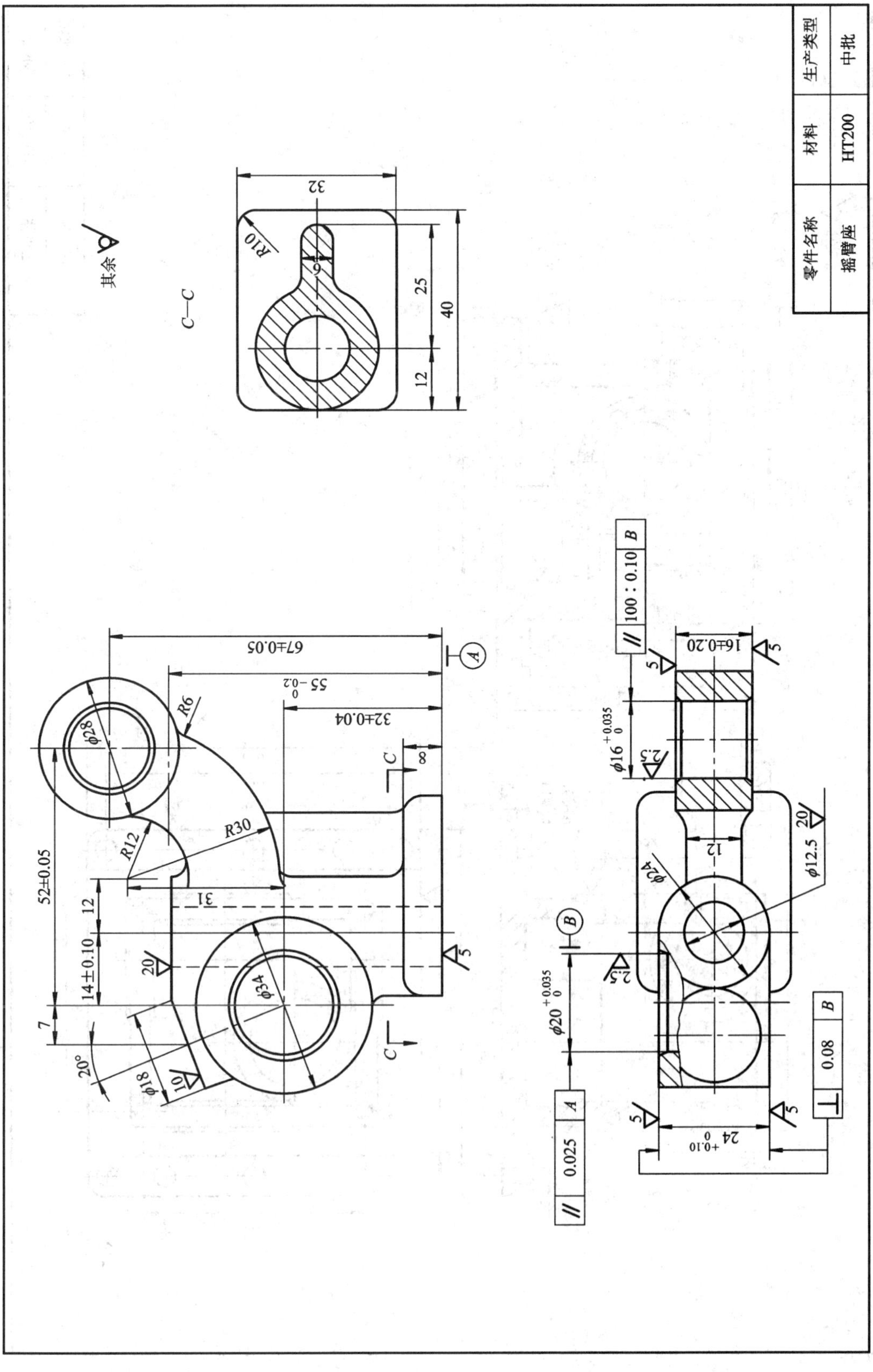
零件名称
摇臂座
材料
HT200
生产类型
中批
其余
C—C
R10
32
6
25
40
12
67±0.05
55 -0.2 0
32±0.04
R6
ϕ28
R30
R12
52±0.05
12
31
14±0.10
7
20°
ϕ18
ϕ34
C
8
// 100 : 0.10 B
16±0.20
ϕ16 +0.035 0
2.5
ϕ12.5
ϕ24
ϕ20 +0.035 0
B
A
// 0.025 A
⊥ 0.08 B
24 +0.10 0

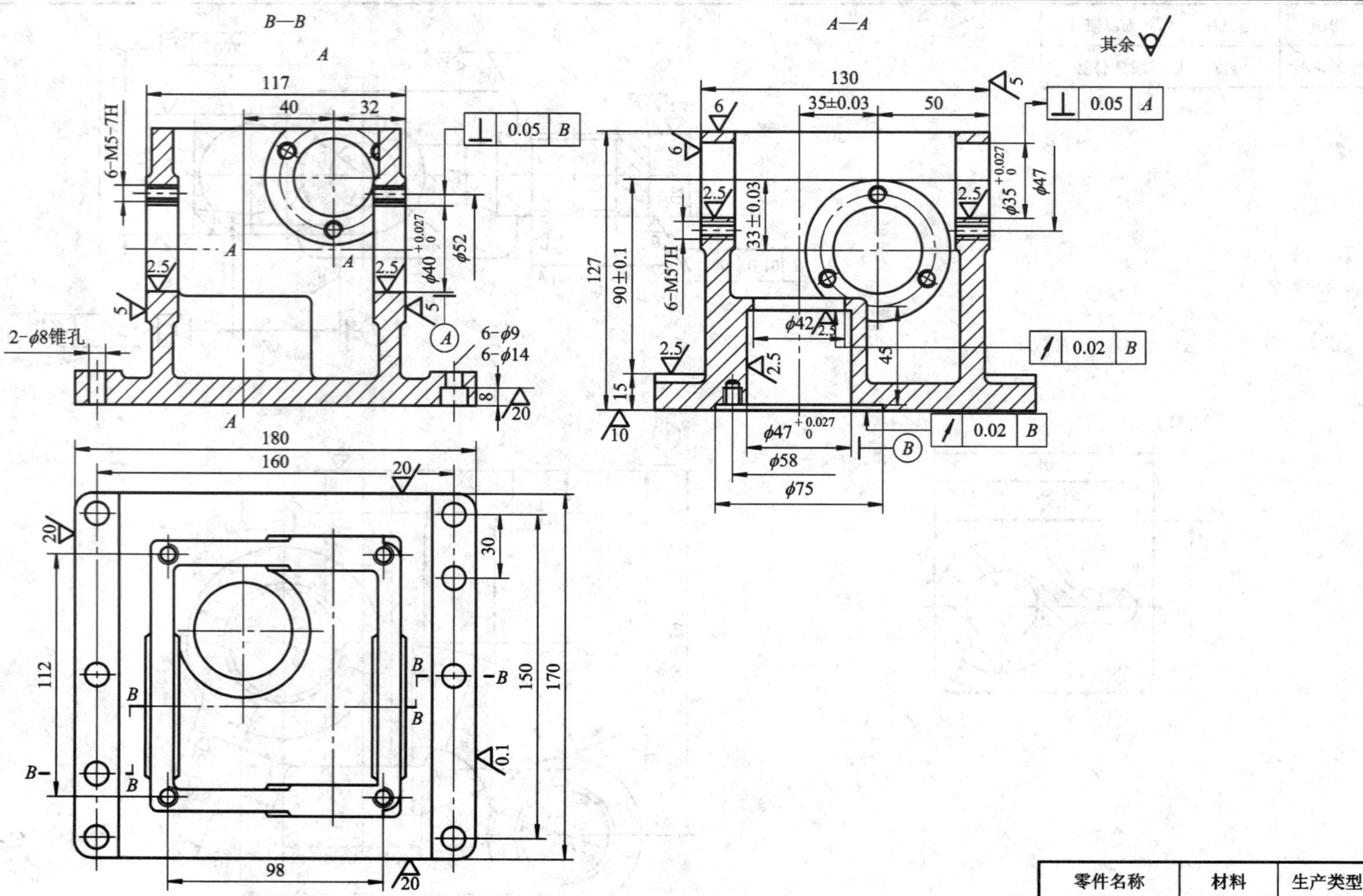

零件名称	材料	生产类型
减速箱体	HT150	小批

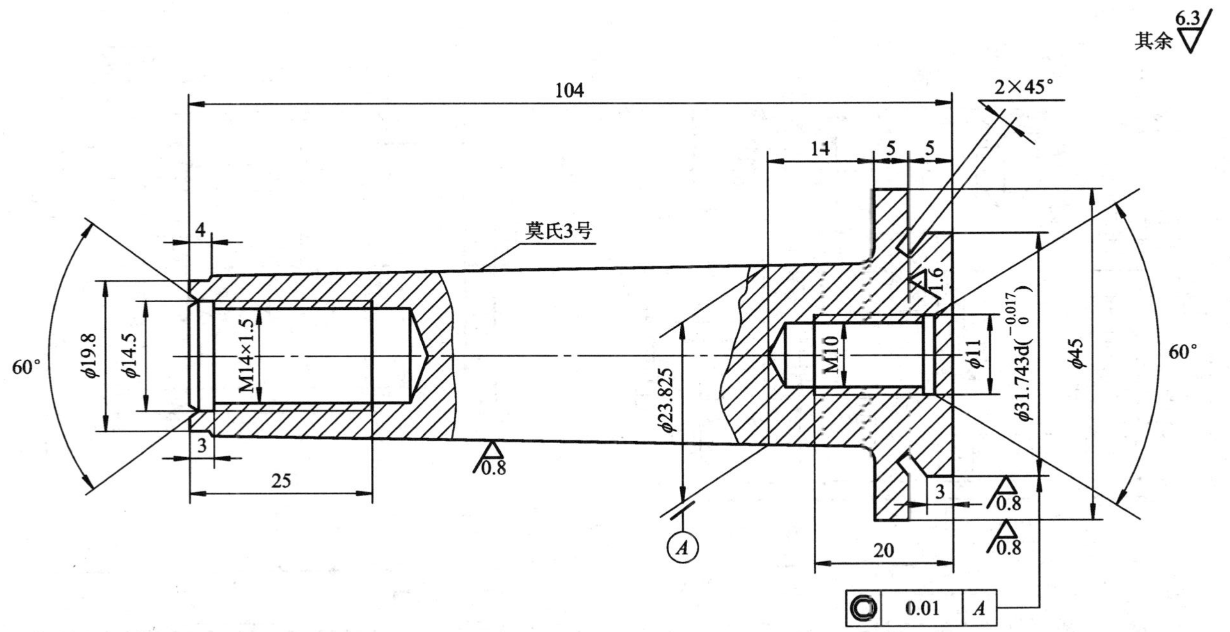

技术条件：

热处理淬火48 HRC。

零件名称	材料	生产类型
插齿心轴	45	小批

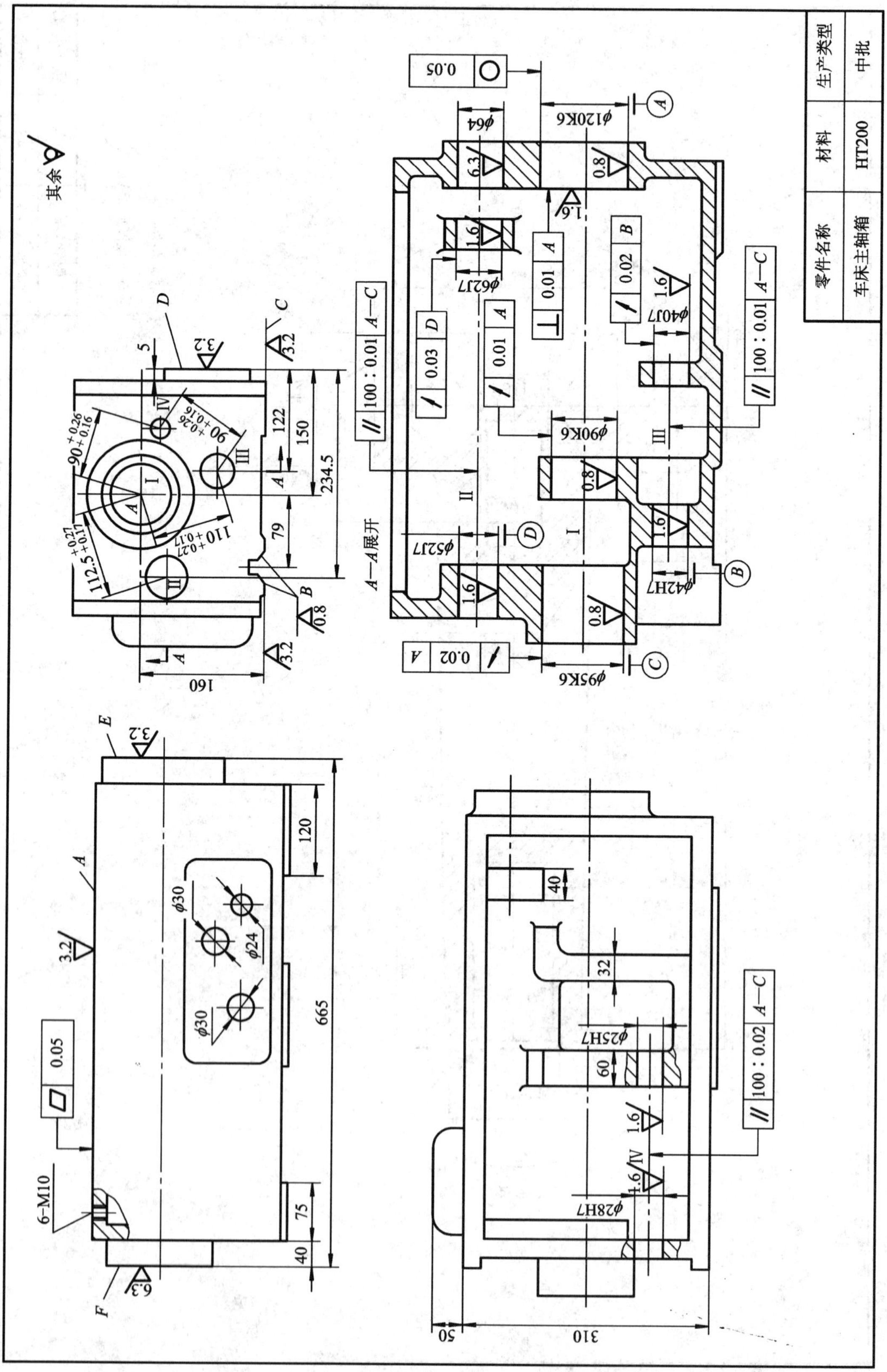
零件名称
车床主轴箱
材料
HT200
生产类型
中批
A—A展开
其余

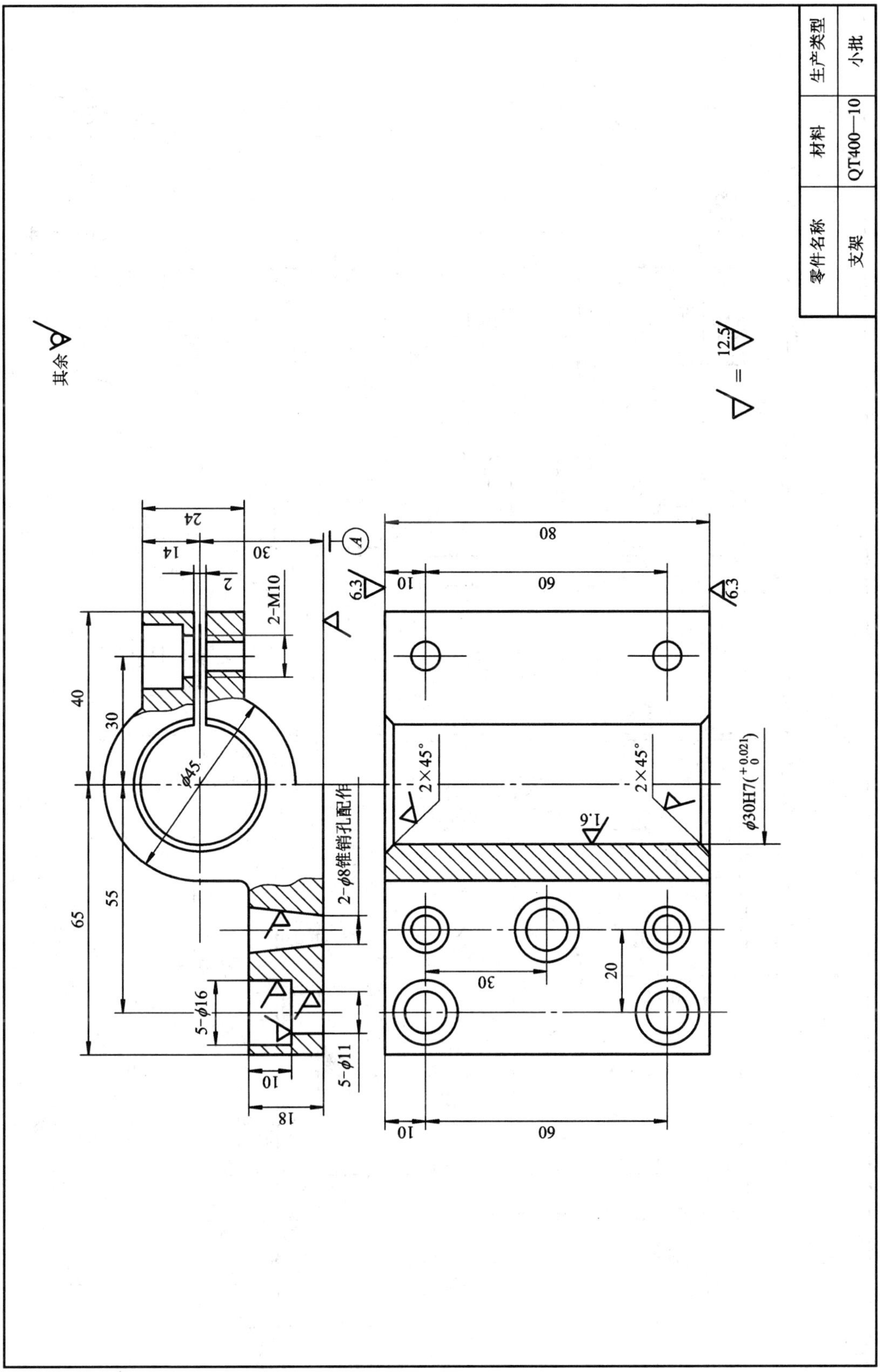
零件名称
支架
材料
QT400—10
生产类型
小批
其余
2-M10
2-ϕ8锥销孔配作
5-ϕ16
5-ϕ11
ϕ45
ϕ30H7($^{+0.021}_{0}$)
2×45°
2×45°
80
60
60
10
10
24
14
30
2
40
30
65
55
18
10
30
20
6.3
6.3
1.6
12.5
A

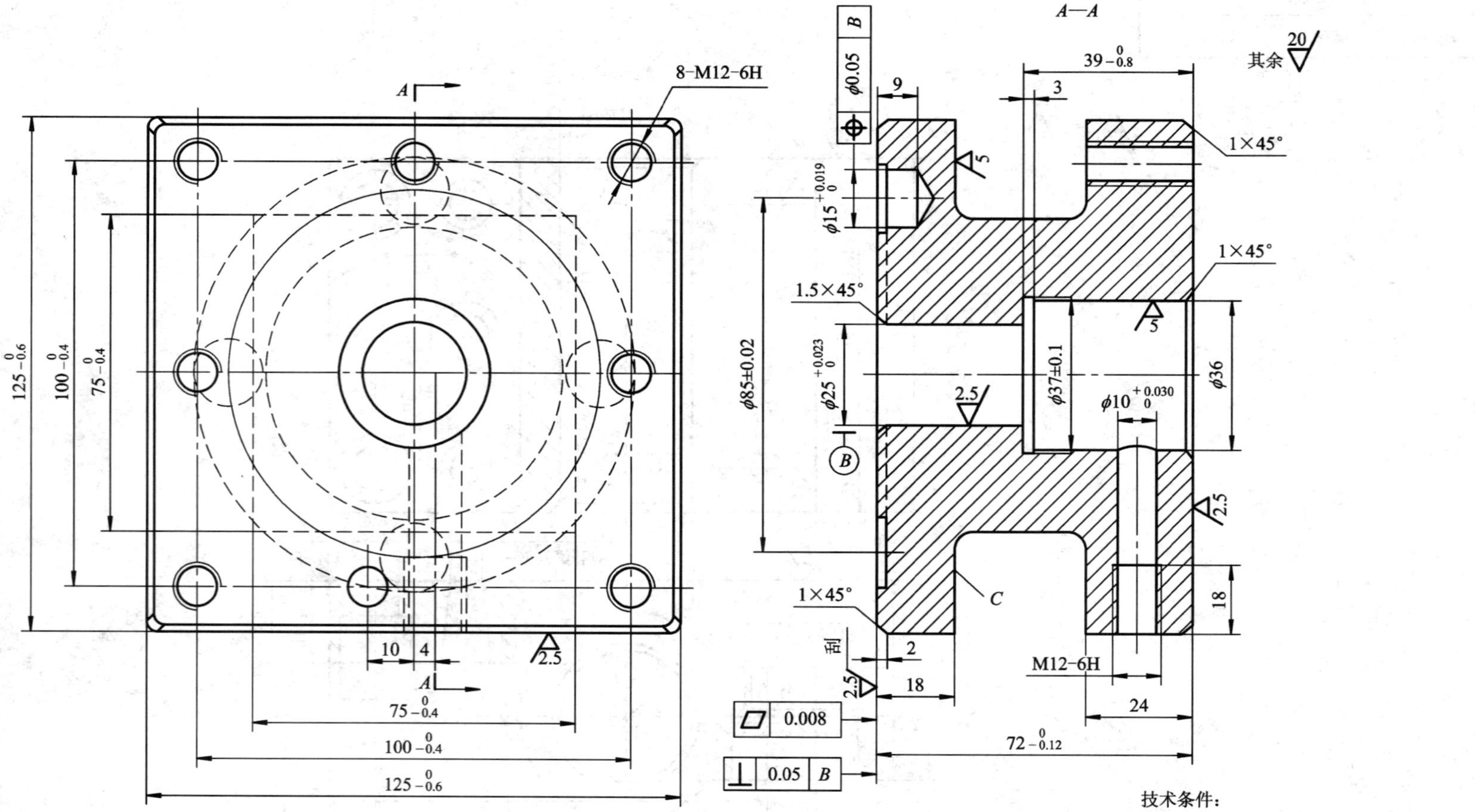

技术条件：

C面表面淬火硬度为40～45 HRC。

零件名称	材料	生产类型
方刀架	45	小批

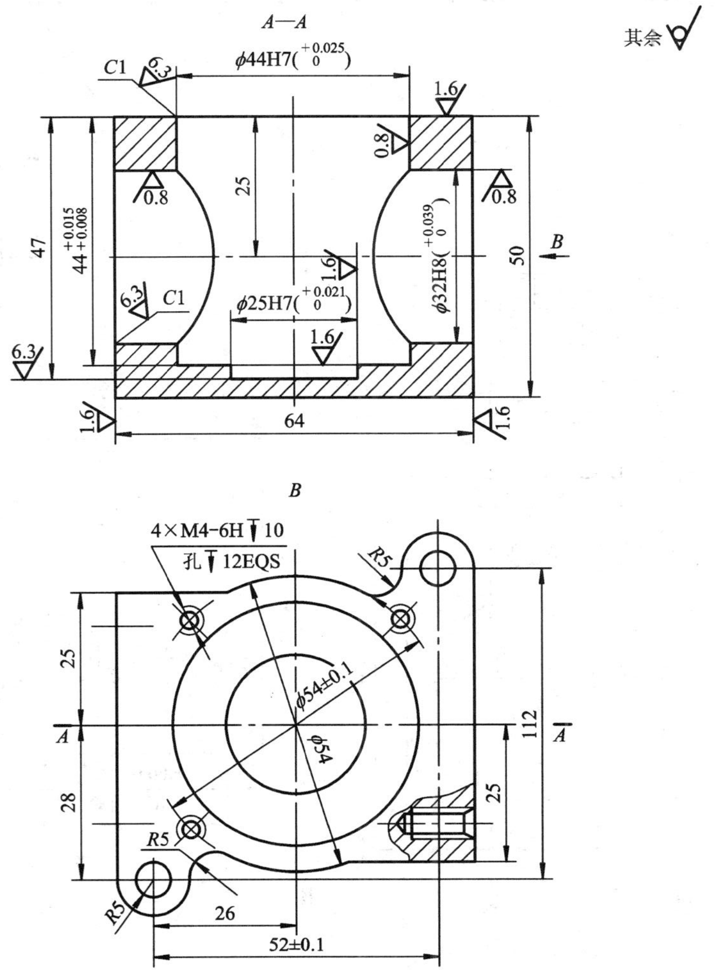

零件名称	材料	生产类型
箱座	HT200	中批

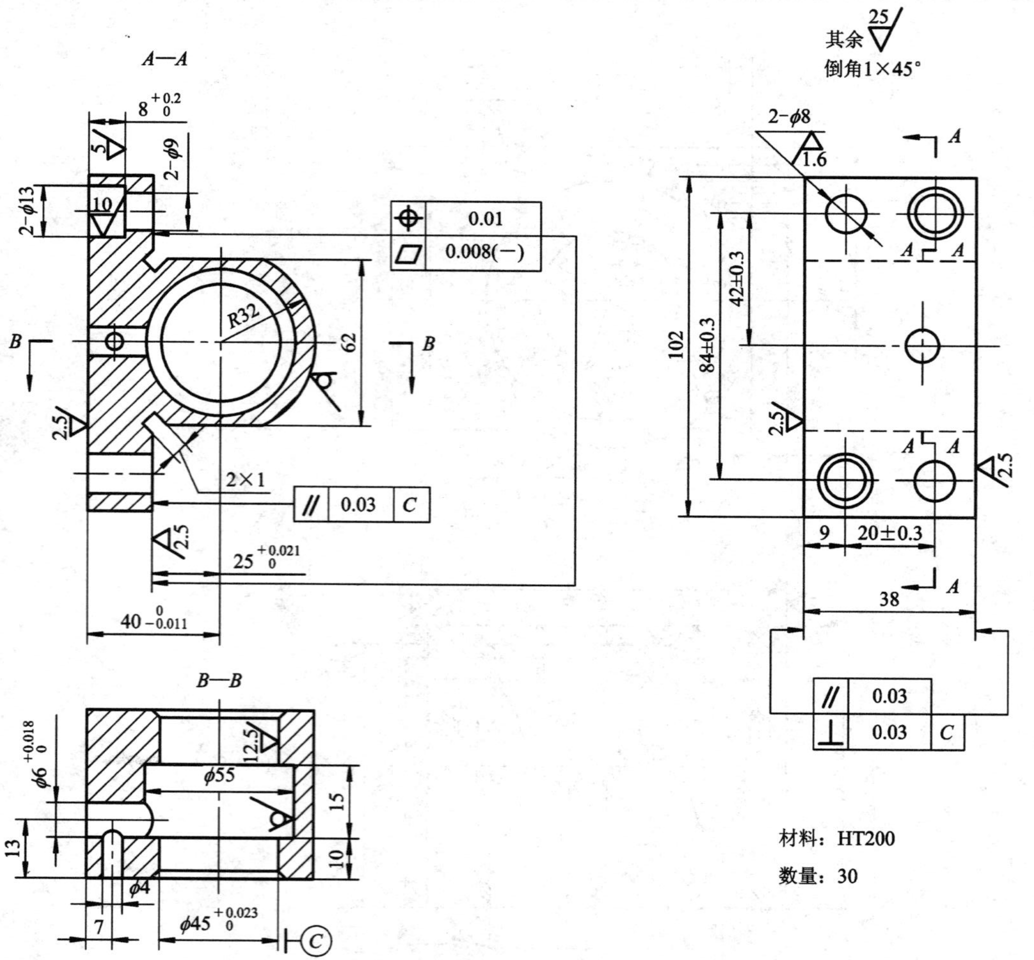

材料：HT200

数量：30

零件名称	材料	生产类型
吊架	45	小批

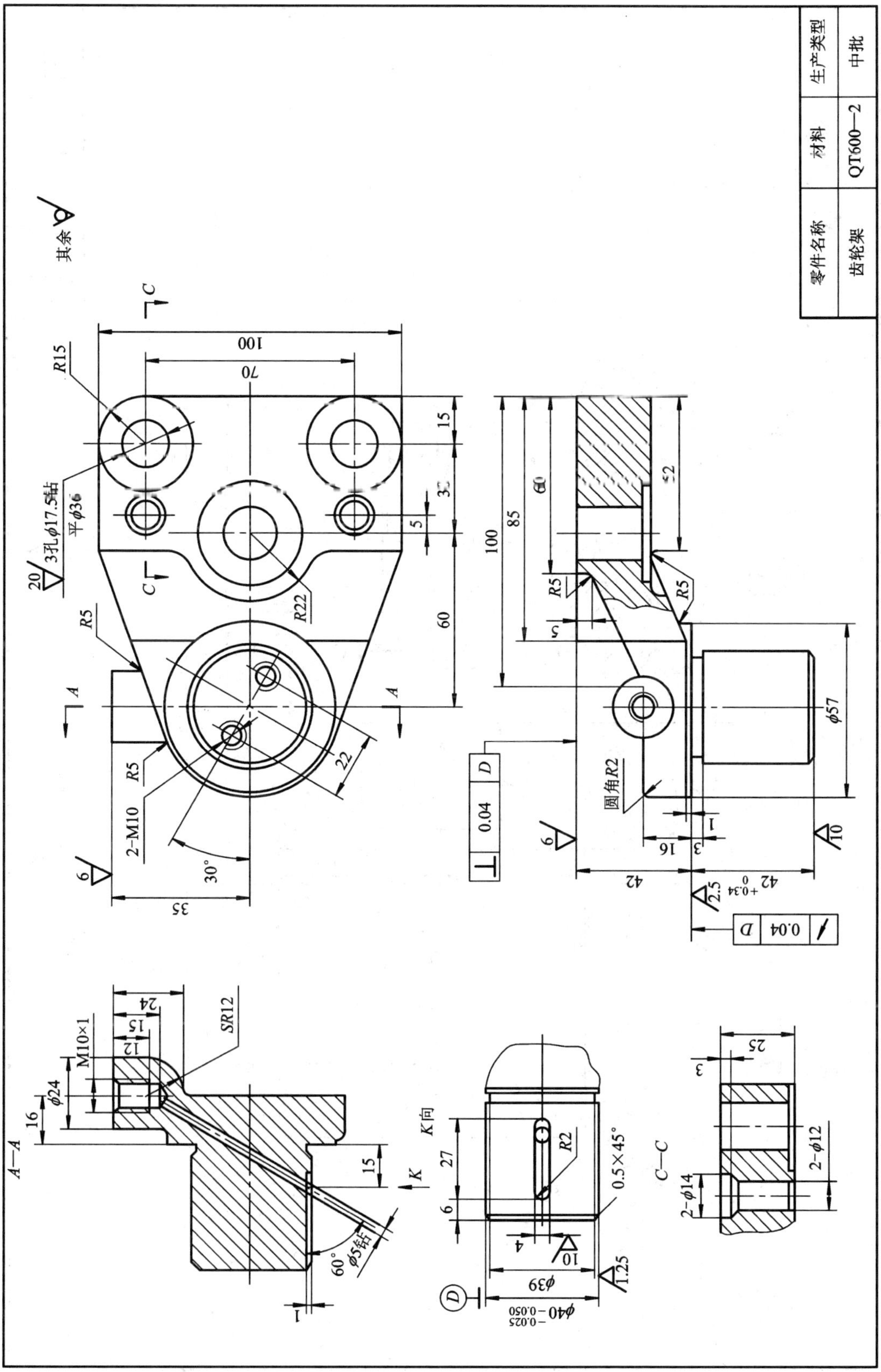

零件名称
齿轮架
材料
QT600—2
生产类型
中批
其余
A—A
K向
C—C
3孔φ17.5钻
平φ36
2-M10
R15
R22
R5
圆角R2
M10×1
SR12
φ5钻
0.5×45°
2-φ12
2-φ14

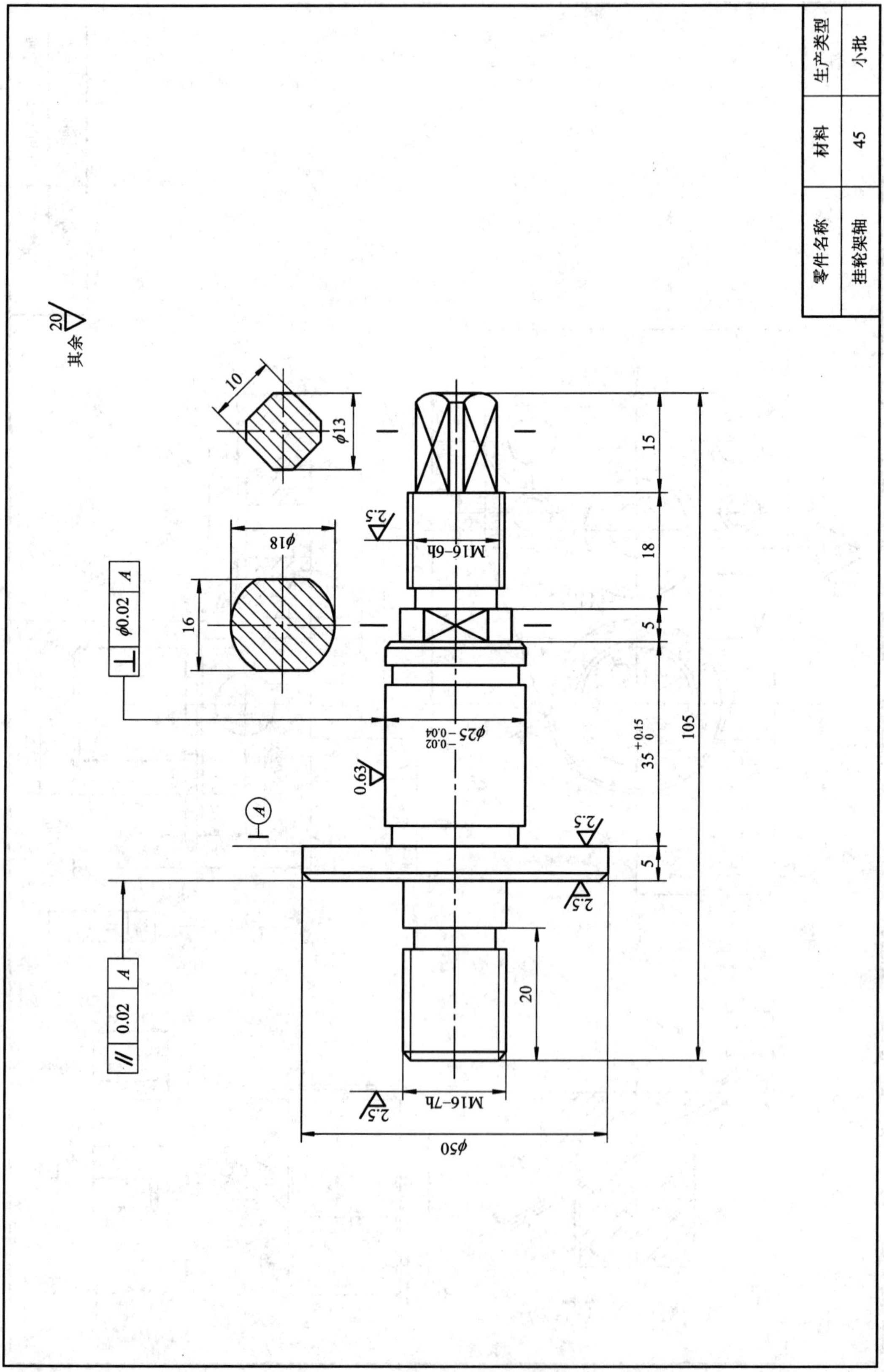
零件名称
挂轮架轴
材料
45
生产类型
小批
其余 20
10
φ13
φ18
16
⊥ φ0.02 A
// 0.02 A
A
2.5
0.63
M16-6h
M16-7h
φ25 -0.02 -0.04
φ50
15
18
5
35 +0.15 0
105
20

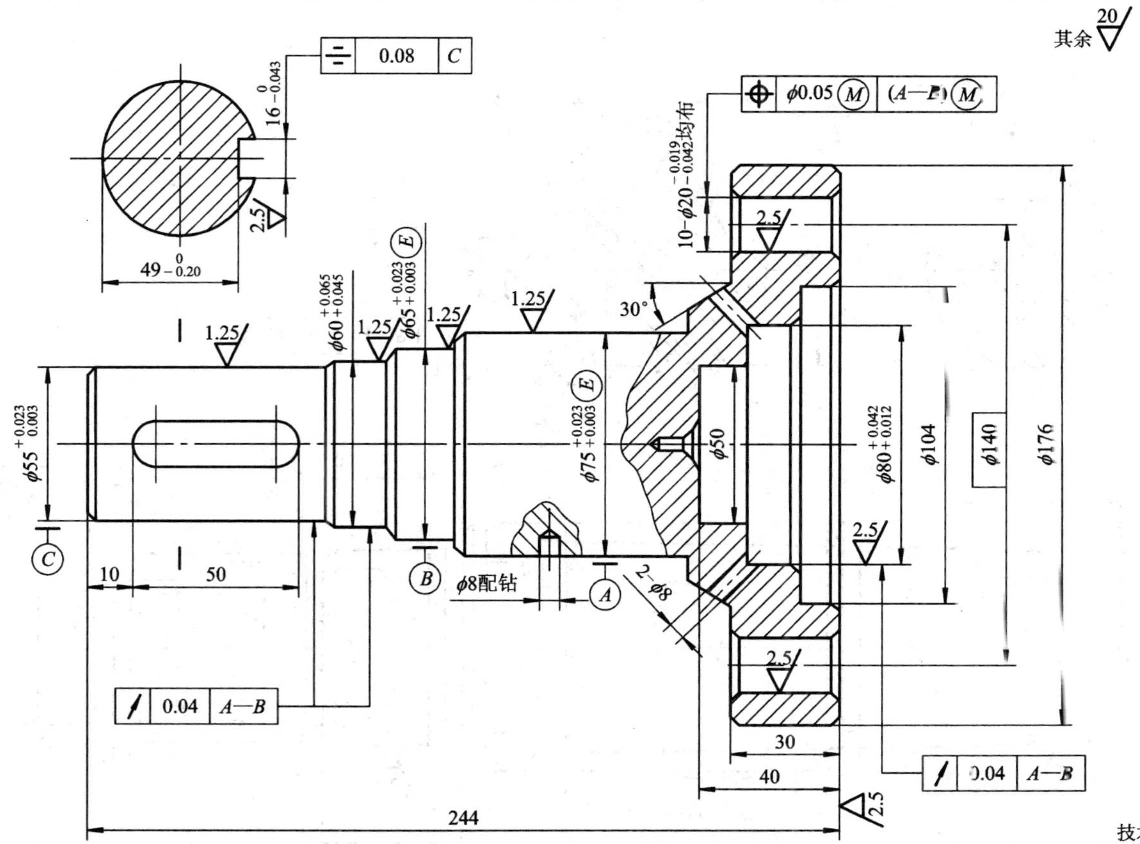

技术条件：

1. 调质处理217～255 HBS；

2. 中心孔2-B6.3/18GB145-85，R_a=2.5 μm

零件名称	材料	生产类型
输出轴	45	中批

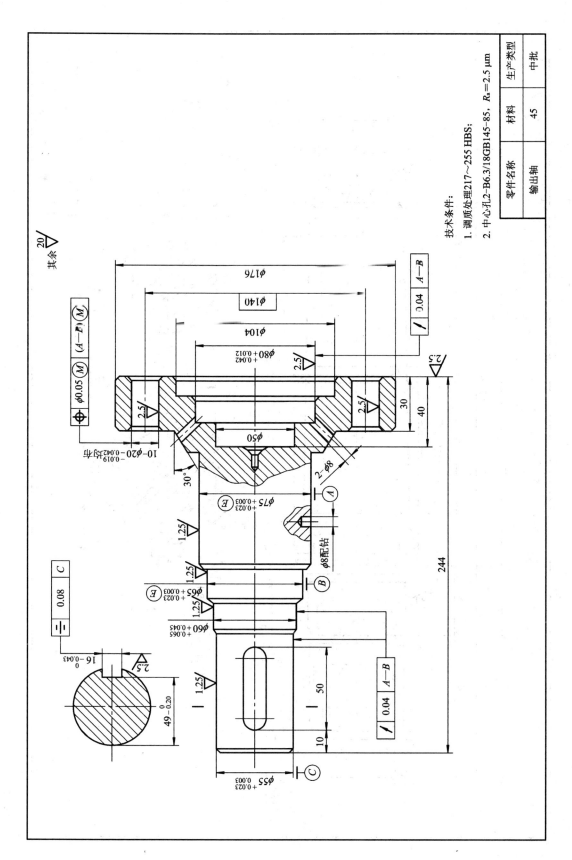

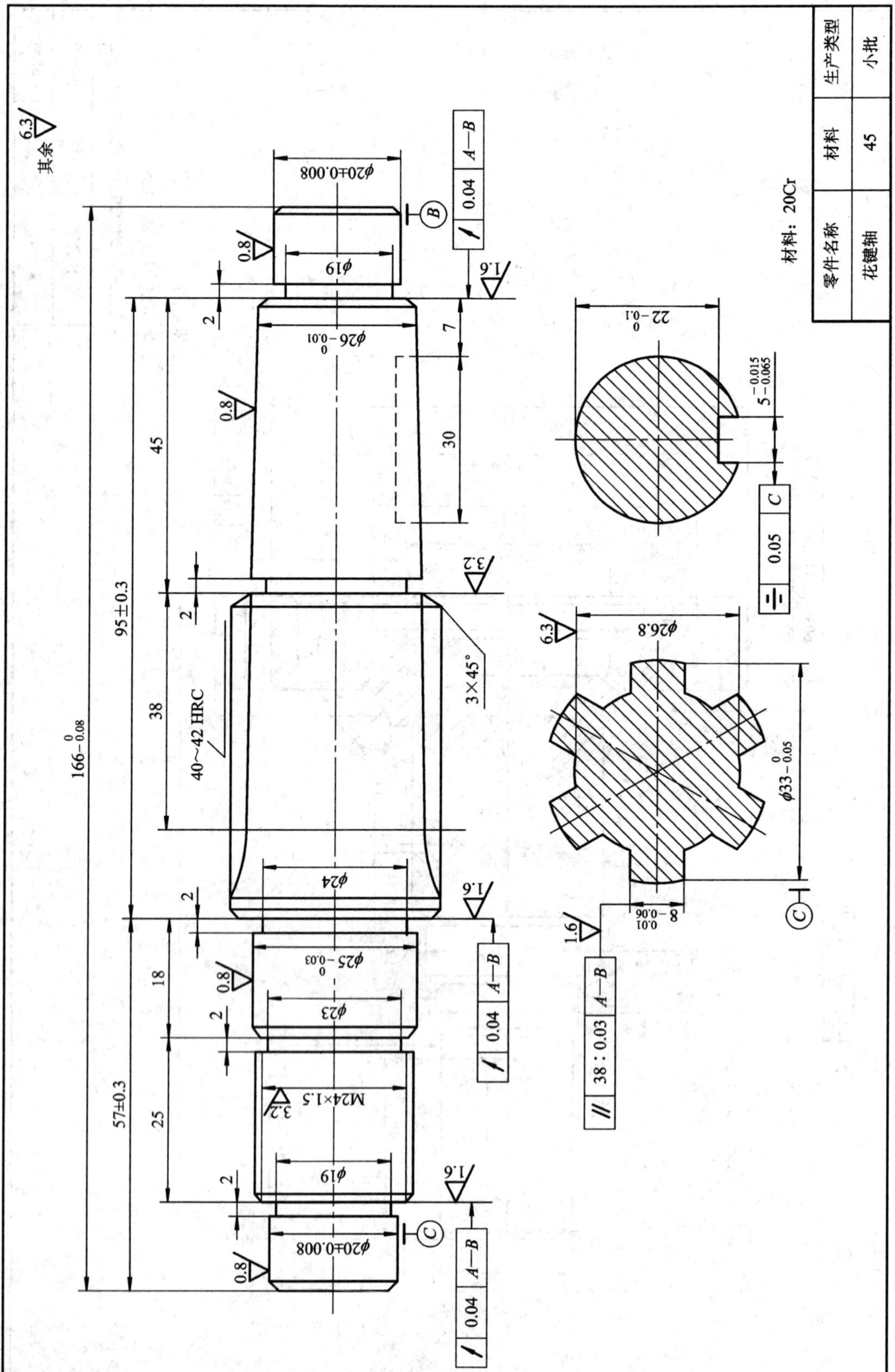
其余 6.3
零件名称
花键轴
材料
45
生产类型
小批
材料：20Cr
166-0.08
95±0.3
57±0.3
45
38
18
25
30
7
2
φ20±0.008
φ19
φ26-0.01
φ24
φ25-0.03
φ23
M24×1.5
3×45°
40~42 HRC
0.04 A—B
22-0.1
5-0.015 -0.065
0.05 C
φ26.8
φ33-0.05
8-0.06 -0.01
38 : 0.03 A—B
0.8
1.6
3.2
6.3

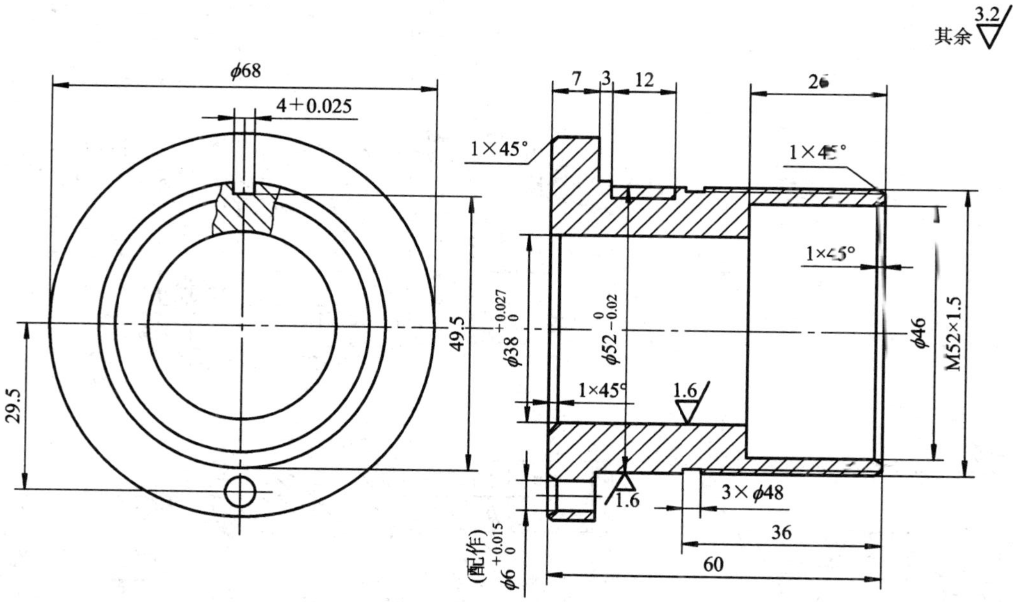

技术条件：

热处理调质至250 HBS。

零件名称	材料	生产类型
轴套	45	小批

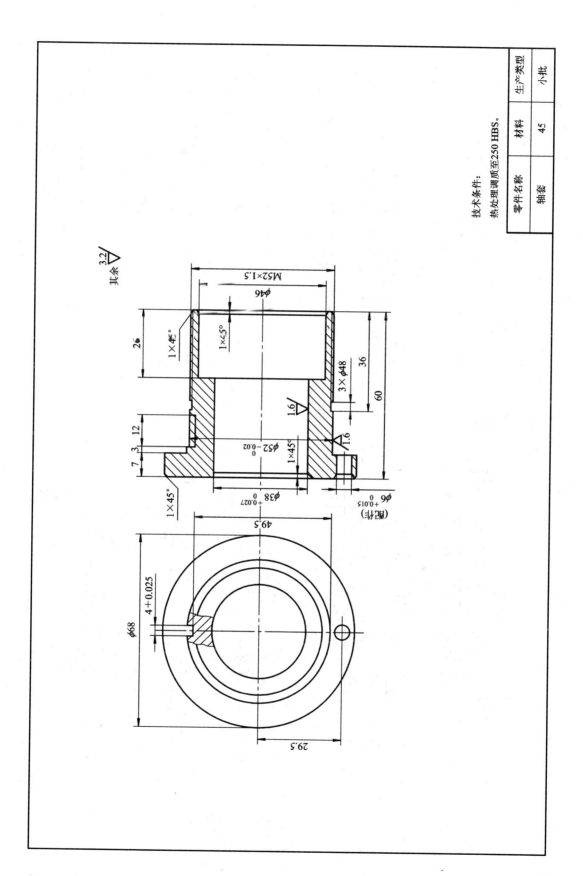

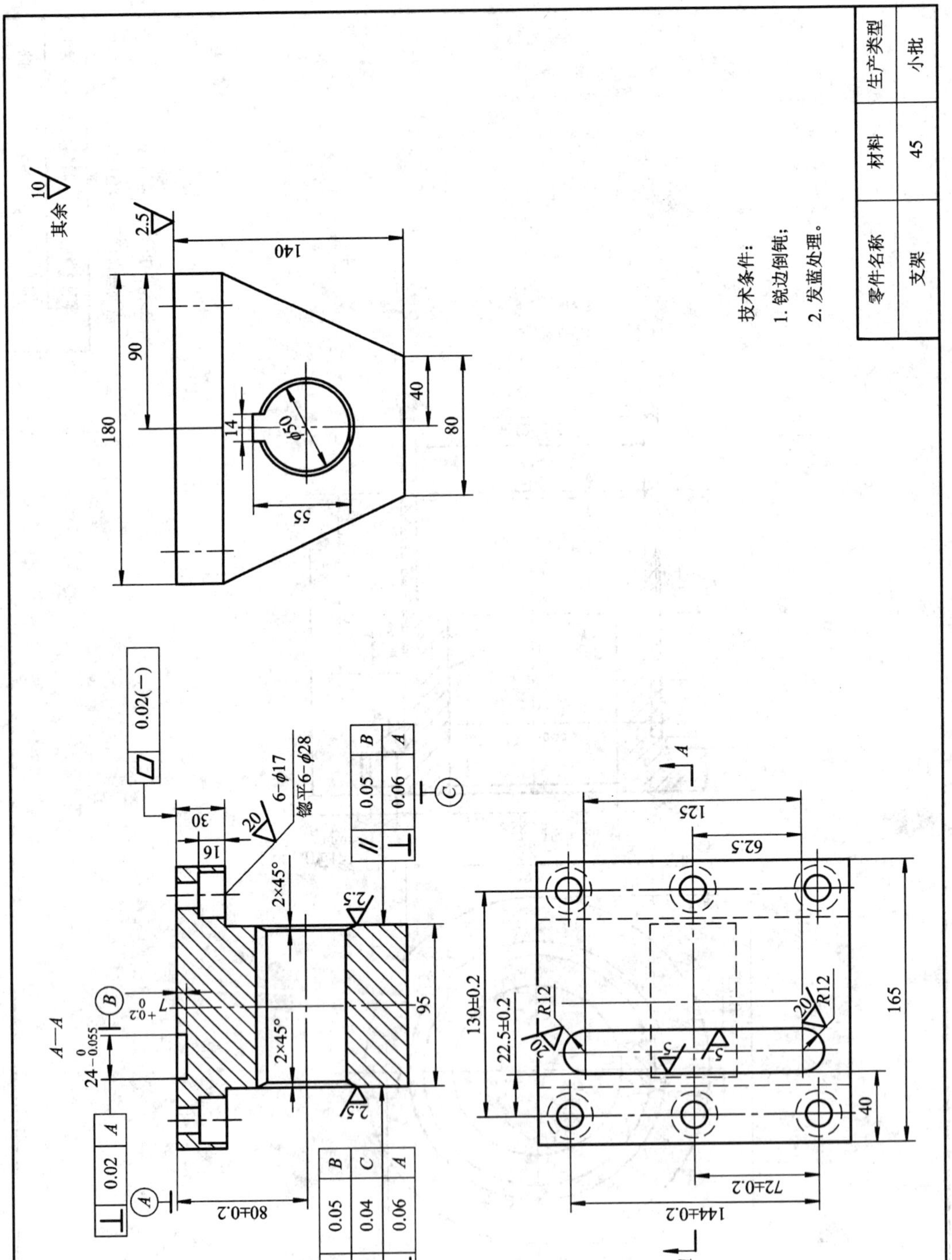
A—A
其余 10
2.5
140
180
90
14
φ50
40
80
55
0.02(—)
30
16
20
6-φ17
锪平6-φ28
2×45°
2.5
0.05 B
0.06 A
C
B
A
7 +0.2 0
24 0 -0.055
0.02 A
95
80±0.2
0.05 B
0.04 C
0.06 A
125
62.5
130±0.2
22.5±0.2
R12
20
5
165
40
72±0.2
144±0.2
技术条件：
1. 锐边倒钝；
2. 发蓝处理。
零件名称
支架
材料
45
生产类型
小批

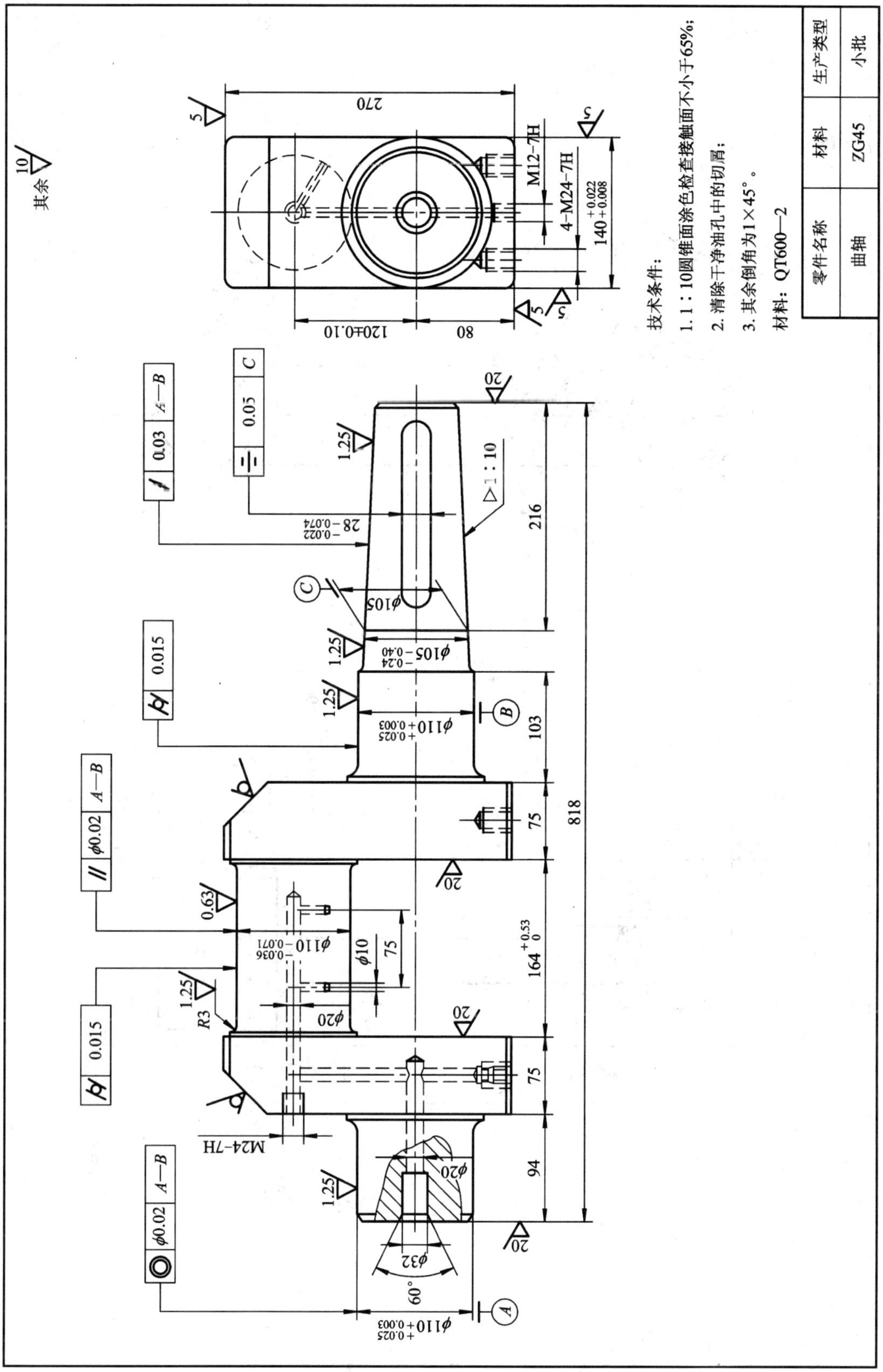
其余 10
技术条件:
1. 1：10圆锥面涂色检查接触面不小于65%;
2. 清除干净油孔中的切屑;
3. 其余倒角为1×45°。
材料: QT600—2
零件名称
曲轴
材料
ZG45
生产类型
小批

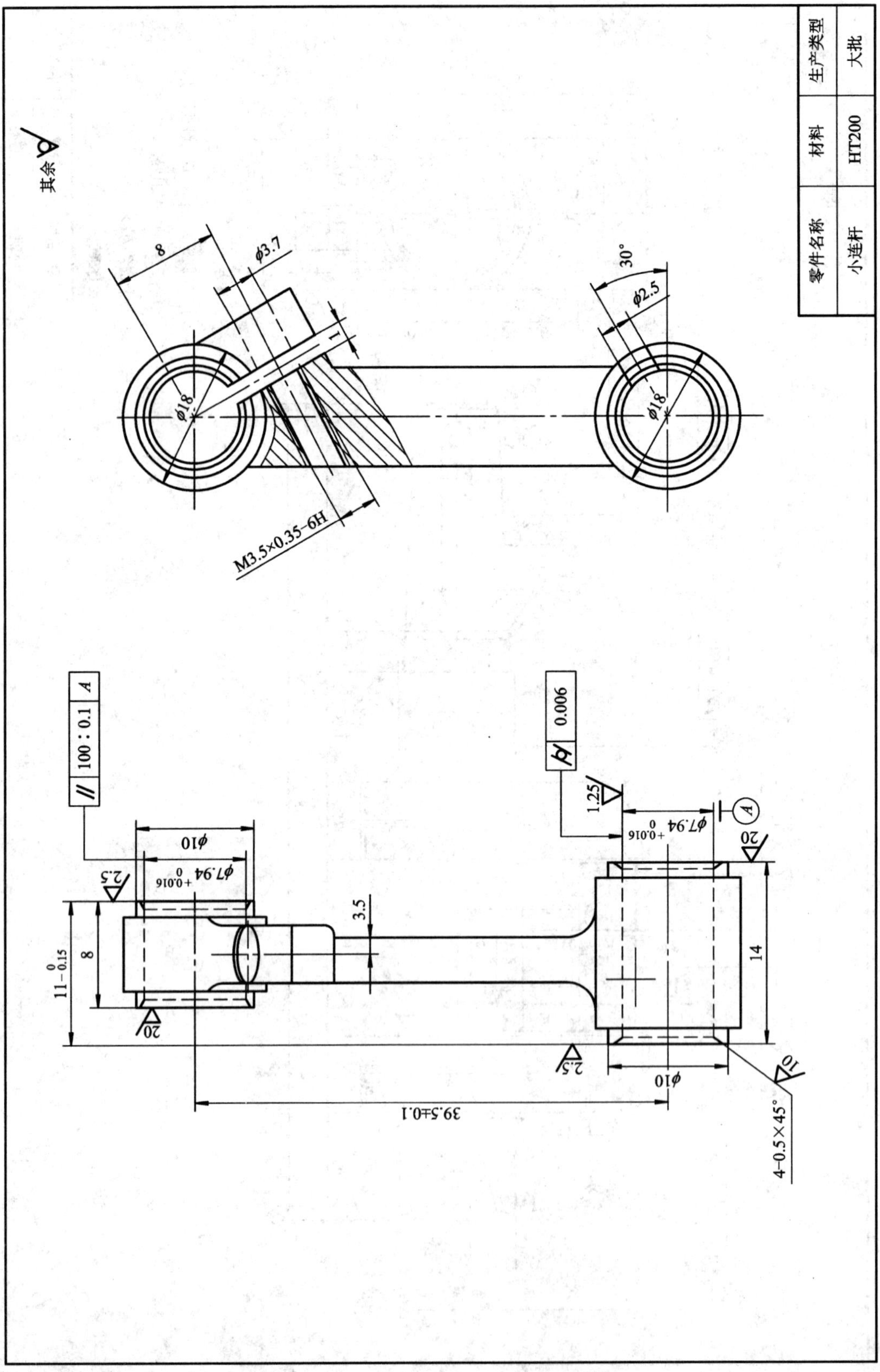
零件名称
小连杆
材料
HT200
生产类型
大批
其余
M3.5×0.35-6H
φ3.7
φ2.5
30°
φ18
φ18
8
1
100 : 0.1
A
0.006
φ10
φ7.94 +0.016 0
φ7.94 +0.016 0
φ10
3.5
14
8
11 0 −0.15
39.5±0.1
4-0.5×45°
2.5
20
1.25
10

主要参考文献

[1] 郑焕文. 机械制造工艺学. 北京：高等教育出版，1994.
[2] 郑修本，等. 机械制造工艺学. 北京：机械工业出版社，1997.
[3] 龚雯，陈则钧. 机械制造技术. 北京：高等教育出版社，2004.
[4] 赵长旭. 数控加工工艺. 西安：西安电子科技大学出版社，2006.
[5] 机械工业教育协会. 数控加工工艺及编程. 北京：机械工业出版社，2001.
[6] 郭铁良. 模具制造工艺学. 北京：高等教育出版社，2002.
[7] 赵长明，等. 数控加工工艺及设备. 北京：高等教育出版社，2003.